我的动物朋友

冀海波⊙编著

动物的危机与保护

★ ★ ★ ★ ★

体验自然，探索世界，关爱生命——我们要与那些野生的动物交流，用我们的语言、行动、爱心去关怀理解并尊重它们。

延边大学出版社

图书在版编目（CIP）数据

动物的危机与保护 / 冀海波编著 . —延吉 : 延边大学出版社 , 2013 . 4（2021. 8 重印）
（我的动物朋友）
ISBN 978-7-5634-5563-8

Ⅰ . ①动⋯ Ⅱ . ①冀⋯ Ⅲ . ①动物保护－青年读物 ②动物保护－少年读物 Ⅳ . ① S863-49

中国版本图书馆 CIP 数据核字 (2013) 第 088673 号

动物的危机与保护
编著：冀海波
责任编辑：李宁
封面设计：映像视觉
出版发行：延边大学出版社
社址：吉林省延吉市公园路 977 号 邮编：133002
电话：0433-2732435 传真：0433-2732434
网址：http://www.ydcbs.com
印刷：三河市祥达印刷包装有限公司
开本：16K 165 × 230
印张：12 印张
字数：120 千字
版次：2013 年 4 月第 1 版
印次：2021 年 8 月第 3 次印刷
书号：ISBN 978-7-5634-5563-8
定价：36.00 元

前言

人类生活的蓝色家园是生机盎然、充满活力的。在地球上，除了最高级的灵长类——人类以外，还有许许多多的动物伙伴。它们当中有的庞大、有的弱小，有的凶猛、有的友善，有的奔跑如飞、有的缓慢蠕动，有的展翅翱翔、有的自由游弋……它们的足迹遍布地球上所有的大陆和海洋。和人类一样，它们面对着适者生存的残酷，也享受着七彩生活的美好，它们都在以自己独特的方式演绎着生命的传奇。

在动物界，人们经常用"朝生暮死"的蜉蝣来比喻生命的短暂与易逝。因此，野生动物从不"迷惘"，也不会"抱怨"，只会按照自然的安排去走完自己的生命历程，它们的终极目标只有一个——使自己的基因更好地传承下去。在这一目标的推动下，动物们充分利用了自己的"天赋异禀"，并逐步进化成了异彩纷呈的生命特质。由此，我们才能看到那令人叹为观止的各种"武器"、本领、习性、繁殖策略等。

例如，为了保住性命，很多种蜥蜴不惜"丢车保帅"，进化出了断尾逃生的绝技；杜鹃既不孵卵也不育雏，而采用"偷梁换柱"之计，将卵产在画眉、莺等的巢中，让这些无辜的鸟儿白费心血养育异类；有一种鱼叫七鳃鳗，长大后便用尖利的牙齿和强有力的吸盘吸附在其他大鱼身上，靠摄取寄主的血液完成从变形到产卵的全过程；非洲和中南美洲的行军蚁能结成多达1000万只的庞大群体，靠集体的力量横扫一切……由此说来，所谓的狼的"阴险"、毒蛇的恐怖、鲨鱼的"凶残"，乃至老鼠令人头疼的高繁殖率、蚊子令人讨厌的吸血性等，都只是自然赋予它们的一种独特适应性而已，都是它们的生存之道。人是智慧而强有力的动物，但也只是自然界的一份子，我们应该用平等的眼光去看待自然界中的一切生灵，而不应时刻把自己当成所谓的万物的主宰。

人和动物天生就是好朋友，人类对其他生命形式的亲近感是一种与生俱来的天性，只不过许多人的这种亲近感被现实生活逐渐磨蚀或掩盖掉了。但也有越来越多的人，在现实生活的压力和纷扰下，渐渐觉得从动物身上更能寻求到心灵的慰藉乃至生命的意义。狗的忠诚、猫的温顺会令他们快乐并身心放松；而野生动物身上所散发出的野性特质及不可思议的本能，则令他们着迷甚至肃然起敬。

衷心希望本书的出版能让越来越多的人更了解动物，更尊重生命，继而去充分体味人与自然和谐相处的奇妙感受。并唤起读者保护动物的意识，积极地与危害野生动物的行为作斗争，保护人类和野生动物赖以生存的地球，为野生动物保留一个自由自在的家园。

编　者

2012.9

目录

第一章　动物，人类最好的朋友

2　动物是人类的朋友
8　动物与人类的关系
17　人和动物和睦相处
27　动物趣事

第二章　动物的生存危机

44　当大熊猫退无可退
49　最后一种园囿动物：麋鹿
52　被赶尽杀绝的华南虎
56　白鳍豚的消失
60　藏羚羊的悲歌
66　黑熊的哀嚎
72　蝴蝶的贩卖与开发
77　鳄鱼的困境
81　儒艮的哭泣
84　鹦鹉螺与砗磲的悲叹
88　鲎的呻吟
91　海龟的悲叹

第三章　动物需要我们的保护

96　动物保护的兴起
104　动物消失对生态的影响
106　中国动物保护现状
126　动物保护的现实理由
129　我们要努力行动

第四章　给动物建造天然的乐园

134　公园与保护区
137　给动物一个家
146　珍稀动物的乐园
153　水生生物的保护
156　鸟类的保护地
158　扎龙：鹤的福地
162　爬行动物保护区

第五章　保护动物从我做起

168　保护动物就是保护我们自己
170　拒绝皮草，保护动物
172　不参与非法买卖野生动物
174　保护湿地，不要侵占动物的家园
176　拒绝滥食野生动物
179　不制作、不购买动植物标本
181　给鸟儿一个洁净的家园
184　让蓝色海洋重回身边

第一章

动物，人类最好的朋友

人是世间最强大的动物，但人不能恃强凌弱，任何生命都有权利生活在世界上，人如果善待它们，植物会送给你勃勃生机，动物会用它的绝招，婉转美妙的鸣叫给你带来欢乐。其实，美丽是所有生命共同创造的，而我们人类的智慧和大自然的智慧相比实在是相形见绌。人类的创造力和大自然的创造力相比也实在是捉襟见肘，我们要敬畏自然，善待一切生命，因为它们都是人类的朋友！

动物是人类的朋友

动物是人类的朋友，而我国的动物种类与数量非常之多。据统计，我国现存的兽类共有450余种，占世界兽类总数的10.6%。我国还是濒危动物分布大国，列入《濒危野生动植物种国际贸易公约》附录的原产于中国的濒危动物有120多种（指原产地在中国的物种），随着经济的持续快速发展和生态环境的日益恶化，我国的濒危动物种类还会增加。

大自然不仅属于人类，也属于所有动物。但人类在破坏自己赖以生存的地球自然环境的同时，还妄图把动物们都端上桌，成为盘中的盛宴，笼中的观赏动物。

在我们的身边，生物濒临灭绝的速度正在疯狂增长，原因大多是栖息地遭到破坏，这归根结底还是人类的“功劳”。工业社会到来之前，鸟类平均每300年灭绝一种，兽类平均每8000年灭绝一种。但是自从工业社会以来，地球物种灭绝的速度已经超出自然灭绝率的1000倍。全世界1/8的植物、1/4的哺乳动物、1/9的鸟类、1/5的爬行动物、1/4的两栖动物、1/3的鱼类，都濒临灭绝。

生物物种和其群族千万年间在自然界中生存，已经适应了栖息地的环境，其数量一般不会发生急剧的扩散和缩减。但是随着人类对自然界改造能力的加强，自然和生物之间已经不能维持平衡，最终导致物种灭绝。

（一）生境丧失与退化

人类的破坏性是毁灭性的：可以把高耸的山峰夷为平地，可以让湍急的河流改变走向，可以让全球的森林覆盖率在短短百年间就减少50%，这导致了许多物种在人为干涉下失去了赖以生存的家——生境，数量锐减，甚至濒临灭绝。在濒危的所有脊椎动物里面，由于栖息地退化、丧失而沦落到灭绝边缘的就高达67%。这一数字还在不断地增长，情况还有恶化的趋势。

在全球所有61个热带国家里，半数以上的生态环境遭到人为破坏，其中以亚洲国家最为严重，由于胡乱砍伐森林、破坏湿地、开垦农田、开发海洋油气，这些原本非常适宜动植物生存的国家中，孟加拉94%、中国香港97%、斯里兰卡83%、印度80%的自然环境已经和从前呈天壤之别。失去了赖以生存的栖息地，动物们无处生存，等待着它们的只有灭绝这一令人伤心的结局。

物种灭绝在两栖爬行类生物和四面环海的岛屿之中发生的最为普遍，这是因为爬行类生物对环境的适应能力比较差，而岛屿相对封闭。以马达加斯加半岛为例，在人类登岛之前，这里是动植物的天堂，特有的生物物种比例达到85%，而在第一个人类踏上这里至今的1500年间，原始森林植被被破坏超过90%，生物更是遭到灭顶之灾，岛上原有的60种特有末后类动物锐减到28种，其中灭绝的包括体大如猫、极具研究价值的指猴。习惯了在岛屿上生存的生物在另觅去处的过程中也遭遇了难题，当它们离开熟悉的环境，向其

他地方迁移时，很容易被人类发现并消灭，而且还有可能成为打破生物链的外来物种，威胁到迁移地区原有的生态平衡。我国为了保护国宝大熊猫的生存，特地为它们开辟了绿色走廊。

（二）过度开发

脊椎动物的生存情况也不容乐观，有37%的野生动物因为被当做食材、药材或毛皮可以制作衣物等原因而惨遭杀戮，成为人类餐桌上的珍馐，贵夫人们披在身上的毛皮，大象、犀牛、黑熊、老虎、藏羚羊，多少野生动物们在灭绝的边缘苦苦挣扎，甚至连深海霸主鲨鱼也不能幸免，仅仅是因为有人想一尝鱼翅的鲜美，这种已经在地球上生存了4亿年的软骨鱼类就被人类残忍地割掉鱼鳍，而失去鱼鳍的鲨鱼大多因为占船舱体积而又被扔回海里，这样的鲨鱼已经不能游动，它们被扔回海里后就一直下沉到海底，最终被活活饿死，而鱼翅的味道其实和粉丝相差无几。另一种世界最大的动物——鲸鱼，因为自身厚重的脂肪可以制造鲸油和生产宠物食品，也被捕杀到数量岌岌可危，这其中以日本每年捕鲸量最多。人类为了自己的利益，而肆意捕杀和自己分享同一个地球的动物，不计后果地开发它们的“商业利益”，最终导致越来越多的动物灭绝。据统计，全球的野生动物黑市每年的交易额都高达100亿美元，而且还在持续增长，很多盗猎者在暴利面前良心泯灭。以北美旅鸽为例，这种原来随处可见的鸟类，随着欧洲人发现美洲大陆并持续开发的百年间，被捕杀灭绝，最后一只旅鸽在1914年9月死去，美国人才发现这种原先可能三五成群在自己院子里觅食的小生物已经永远地在地球上消失了，他们忏悔地建造了北美旅鸽纪念碑，碑文中写到：“因为人类的自私和贪婪，北美旅鸽灭绝了。”

（三）盲目引种

人类盲目引种的行为对岛屿物种几乎造成了致命打击。波利尼西亚人在公元400年左右登陆夏威夷，和他们一起登上岛屿的还有猪、犬、鼠等，这导致44种夏威夷当地的鸟类灭绝，占全部鸟类总数的半数以上。1778年，新的欧洲殖民者登陆夏威夷，他们又带来了马、羊、牛、猫等新物种，加上工业社会的欧洲人盲目砍伐植被、开垦农田，使得鸟类失去栖息地，本地原生鸟类灭绝的数字又加上了17种。他们还带来了新种类的老鼠，使得岛上鼠类迅速繁殖，人们又引进猫鼬，想要控制猖獗的鼠，不想这些猫鼬在消灭老鼠的同时，又把岛上一种不会飞的秧鸡给“消灭”了个干净。新西兰的斯蒂芬岛上的一种异鹩更是由于灯塔看守人养的一只宠物猫而被灭绝，人们在记录这件事时不禁感叹：“一个物种，被一只猫消灭。”15世纪，随着欧洲国家的全球航海殖民扩张，毛里求斯先后被葡萄牙人（1507年）和荷兰人（1598年）当做中转站，他们还带来了猪和猴，先后使得原有的8种爬行动物和19种鸟类灭绝（包括渡渡鸟）。另外，盲目引种对脊椎动物的威胁也达到19%。

动物小知识

动物、植物、人类，都是有生命的。虽然动物帮了我们这么多，但是有的人却不懂得知恩图报，反而有意无意地去伤害它们。动物

和我们人类一样，它们也是有血有肉的，它们也会知道什么是痛，什么是爱！人类所拥有的一切，它们也拥有！

（四）环境污染

1962年，《寂静的春天》（美国雷切尔·卡逊著）一书首先引起了全世界对农药危害的关注。化工废弃物、有害气体、不可降解的化学产品、白色垃圾、制冷去污剂、温室效应、酸雨红潮、噪音污染等，这些不仅给人类的生存造成了危害，也威胁到动物的生存。

科学家研究得出，鲸鱼的通信行为被海洋中的军事信号所干扰，取食能力下降。他们还发现，两栖爬行类动物正在迅速灭绝，气温不断升高、臭氧层破坏导致紫外线照射强烈，肆意排放的工业给水、栖息地的锐减使对环境质量要求极高、适应性不强的爬行动物无法生存，而且这些危害是潜移默化的，很难被发觉，会慢性导致物种的毁灭。如果我们再不着手保护，那么夏天的蝉语蛙鸣很可能成为老一代人的记忆，后代们可能再也听不到了。

以上原因使许多动物物种灭绝或濒临灭绝，保护动物成为人类迫在眉睫的大事。

人类在树林里，设下各类繁多的捕捉网，如粘网、排网、套圈等。这些网像一张张血盆大口，无情地吞食着人类的朋友——动物。

朋友们，你们有没有听到过这样一句话：请不要随意捕杀野生动物，给城市留一份灵性，给大自然一份生机。

美丽的大自然，绿色的地球和森林，不仅需要人类的保护，也离不开人类的朋友——动物的保护，我们要爱护和保护它们，这样我们生息的环境，才能永远保持绿色。

我们真希望有一天，人类和动物能和平共处一起为保护自己的家园而奋战。但愿未来世界是这样的：天空蓝蓝的，大海绿绿的，云朵白白的，空气十分清新。花草树木散发着淡淡的清香，人类和动物和平地相处着。

动物与人类的关系

不同的动物种类作为地球生态系统中的组成部分，不仅在维持生态平衡方面发挥着一定的功能，而且也为人类的生存与发展提供了许多资源。随着人类技术水平的飞速发展，其对包括动物在内的自然界的索取也越来越多，由此引发的环境危机也前所未有地凸显出来，过度索取引发的大量动物物种的灭绝，不仅会导致生态失衡，甚至直接威胁着人类的生存。有学者指出，生态环境危机是人类自身的生存危机，如果人类不能调整自己的行为，那么人类的灭绝的加速并不是不可能的，人类的灭绝也并不意味着生物世界的终结。著名古生物学家D.V.阿格尔教授甚至预言，在一个没有人类的世界中，啮齿类动物将是优势的动物种类。

值得庆幸的是，人们已经开始认真审视自我行为，开始重新认识人与自然的关系，重新认识人与动物的关系，并通过法律和条约来约束自己的行为。

一、人与自然的关系

人类与自然的关系，与其他生物同自然的关系迥然不同。首先，人类对于自然界的一切索取和作用基本上是一种后天获得的、自主的、有意识的、有选择的理性行为。其次，人类对自然界的索取和作用是利用自己制造的工具进行的，这就大大增强了人类向自然索取的能力。另外，由于人类世代相传的后天获得的知识和本领具有积累性和滚动发展性，这就为人类的发展和进步提供了一种永无止境并且逐渐加速的可能性。在20世纪50年代以前，人们对于人与自然的关系这一问题的认识主要有两种看法。一种是重点强调人的主观能动性、重要作用和重要地位，它突出人对自然的改造作用，重视人与动物以及自然界中其他物质的区别。“认识自然界具有内在价值的唯一生物，人的利益是环境道德的唯一标准。正因如此，人类对大自然不像人类对自己群体内部一样具有直接道德义务，而是具有间接道德义务。”只有人类才对自然环境的改变负有权利和责任，其他生物则不存在这种权利和责任，既没有内在价值也没有什么尊严。另一种看法则尽可能淡化人在自然中的特殊性，强调人与动物的共性和人与自然的关系，认为在人与自然之间应存在着伦理关系，人不过是自然界的一部分，人在改造和利用自然的过程中应“道德”地对待自然，生态伦理的主体不应仅仅是人，还应包含自然在内。“大自然中的其他存在物也具有内在价值，其他生命的生存和生态系统的完整也是环境道德的相关因素。因此，人对非人类存在物也负有直接的道德义务，这种义务不能还原或归结为对人的义务。”

动物小知识

人是属于自然的。一般来看，人类只是生物的一种，而生物是自然的一部分；特殊来看，人类是优势物种，发展到今天，人类已经形成了高度的社会性，科技也得到了巨大发展，这是人与其他物种不同之处，可以说人类是自然的杰作。

随着社会生产力的发展，人们对于人与自然的关系这一问题的认识进一步深化，最后渐渐形成三种典型的观点：

1.古典人类中心主义

古典人类中心主义主张自然界与人类有主客之分，是人类对人类生存系统中人与环境主客体关系的一种认识理念。在这种认识理念下，人是最高级的存在物，一切以人为核心，人类行为的一切都从人的利益出发，以人的利益作为唯一的尺度，只依照自身的利益行动，并以自身的利益去对待其他事物，改天换地，征服自然，做自然的主宰，挣脱自然对人类的束缚，谋求人

类的幸福。

2. 自然中心主义

其又称作“生态中心主义”。在这种认识理念下，人之于自然的中心地位遭到了绝对的否定，认为一切生命体都与人一样具有目的性、主动性、主导性、创造性和能动性。而且，把自然当做是最高的主体，人应当以生态为中心并顺应自然，人对于自然的作用甚至是一种“宇宙之癌”，意即人在宇宙中为了自身的发展而做出的行为如同癌细胞一样过分扩张，剥夺了其他生物的空间，破坏了自然的和谐。

3. 现代人类中心主义

这是一种倡导人与自然和谐相处的现代意义上的人类中心主义，是人类中心主义和自然中心主义相互融合、相互渗透的产物，主张人是价值世界的中心。它从人类整体的永续性的角度去具体地理解和确立人自身生活的自觉意识。在将人的内在目的性作为自己行动的最高原则和最后的基本依据的同时尊重自然客观发展规律，把自然不仅看做对象而且看做人类自身价值的载体，倡导要尊重自然，热爱自然，合理保护、利用自然，提高人类的自身素质，从而实现社会生产力和自然生产力相和谐，经济再生产与自然再生产相和谐，经济系统与生态系统相和谐，最终实现人类社会可协调和可持续发展。

二、人与动物的关系

人与动物的关系是人与自然关系的一个重要方面，人对动物的态度是人对自然的态度的具体表现之一。对于人类与自然的关系的不同看法，将直接导致对于人与动物关系的不同认识。

（一）古典人类中心主义视野下人与动物的关系

在古典人类中心主义者看来，人是一种自在自为的，其一切需求都是合理的，可以为了满足自己的任何需要而对自然有着绝对的支配权利。在这样的认识论指导下，动物之于人是绝对的客体。

1.人“天生”就是其他存在物的目的

古希腊学者亚里士多德说过：“植物的存在是为了给动物提供食物，而动物的存在是为了给人提供食物……由于大自然不可能毫无用处地创造任何事物，因此所有的动物肯定都是大自然为了人类而创造的。”基督教继承并发扬了他的观点，他们认为，上帝为了给人类提供食物和衣物而创造了动植物，只有人类有内在价值，其他生物都不具备内在价值。例如，将基督教的神学思想和亚里士多德的哲学融合在一起的托纳斯·阿奎那就在其《理性造物与其他造物的区别》中宣称：“在一个由上帝、天使、人、动物、植物与纯粹的物体组成的‘伟大的存在链’中，人更接近上帝和天使。上帝是最完美的，其他存在物的完美程度取决于它们与上帝接近的程度，那些较不完美的存在物应服从那些较完美的存在物。在自然存在物中，人是最完美的，其他存在物是为了人的存在而存在。因此，人可以随意使用动物、植物。对动物的残酷行为之所以是错的，是由于这种行为会鼓励和助长对他人的残酷行为。”

2.动物是一种“自然的机器”

到了17世纪，笛卡尔主义盛行，认为非人类动物没有思维，完全缺乏任何意识体验。动物没有语言的能力，不像我们人类可以交流精神生活。所以，动物是一种“自然的机器”，是没有任何思维的躯体，是像缺乏精神意识的电动兔子一样的生物玩具。动物只有物质的属性，它与无生命的客体没有任何区别，因此，我们可以随意对待它们。笛卡尔甚至认为，动物感觉不到痛苦，因为痛苦是作为“亚当之罪”而存在的，而动物与亚当之罪没有任何关系，因此它们不可能痛苦。当我们折磨动物时，它们并未真正感到痛苦，它们只是表现得好像是在受苦。

在这样的认识论影响下，人是动物的绝对的主人，可以任意对待这些不能与之交流的生命，即使善待动物，也是出于人类自身的利益考虑，比如康德和洛克在论述人与动物关系问题时都主张，人不应当虐待动物，不是出于动物自身的价值或者权利，而是我们负有仁慈地对待动物和不残酷对待它们的间接义务，因为对动物的温柔情感能够发展成对人类的仁慈情感，对动物残忍的人在与他人交往时也变得心狠手辣。康德明确宣称：“只有人才有资格获得道德关怀……就动物而言，我们不负有任何直接的义务。动物不具有自我意识，仅仅是实现目的的一个工具。这个目的就是人……我们对动物的义务，只是我们对人的一种间接义务。”

（二）自然中心主义视野下人与动物的关系

自然中心主义认为古典人类中心主义是以对人类理性的绝对信任为前提的，但是理性本身未必值得信赖。而且，不是每一人类成员个个能说话，能自由选择（譬如白痴、婴儿等），但我们并未因此而否定他们的内在价值。因此，在他们看来，人与动物的关系表现为：

1.动物有天赋价值，应获得适当的尊重

在自然中心主义的世界里，所有的生命体一般说来都有其内在于自身的"固有价值"，因此，动物和人是处于平等的地位，应该受到同等的尊重，人不是动物存在的目的，我们没有理由不去善待这些无辜的生命。

2.动物亦有意识、思维和情感，不仅仅是工具

1871年，达尔文通过发表《人类起源》宣称人和低等动物有着共同起源，人是由古猿进化而来。这个观点震惊了当时的学术界和宗教界，也因此从根本上改变了科学对人和动物关系的看法，对神学、哲学、社会学、政治学以及法学都产生了前所未有的影响。

第一，动物有着同人类相似的神经和感觉器官，动物可以感知痛苦和快乐。18世纪中叶，英国开始出现要求改变对动物的态度和减少虐待动物行为的呼声，人们开始意识到动物具有同人相似的感知，是具有生命的生灵，能感觉到痛苦和快乐。1776年，英国牧师汉弗雷·彼瑞马特在其博士论文中写道："痛苦终究是痛苦，不论是施加在人身上还是施加在动物身上……动物像人一样会感到疼痛。动物有着同人类相似的神经和感觉器官。"

动物小知识

人类应该爱护动物，做到与其和谐相处，这样才能最大限度使自然与人和谐，人与自然、人与自然中的任何生命、事物都应和谐相处。这样才能保护生态平衡，人类才能有效地享受自然界的美丽，从而避免遭受生态失衡而带来的自然灾害。

第二，动物并不是玩具，没有思想。科学家通过实验证明，和人类一样，动物也有喜怒哀乐等情绪，也有父母情、兄弟情、姐妹情，也有等级森严的家庭制度，动物会使用工具，还能自主创新和进行自由交流。这些证据都可能证明，动物也有思维。

更让人惊讶的是，随着新的科学研究进展，认为只有人类拥有语言而其他动物没有语言的看法开始变得站不住脚。近年来，一项重要的基因研究成果，是科学家发现了一个被称为FOXP2的基因，这个基因同语言和语言障碍有关，对运用语言至关重要。人类能够发出各种声音，是因为通过他来控制嘴部和喉部的肌肉。但是，科学家们发现，这一基因并非人类独有，将人类的FOXP2基因编码中这一蛋白质成分和猩猩及老鼠的同一蛋白质成分进行比较后得出，和黑猩猩相比，人类的这一基因差异氨基酸序列在715处总数中仅有两处不同。2004年，科学家在这一领域研究中还发现，一些善于唱歌的鸟类含有和人类几乎等同的FOXP2基因。现在，十八、十九世纪那些动物没有独立意识、不能自主思考的陈旧观点，已经被现在科学所打破。

因此我们可以说，在自然中心主义视野下，道德价值的主体的界限被从人类扩展到动物，认为人类应当承认动物的内在价值，维护动物的平等权益，承认动物享有被尊敬对待的基本权利，而享有被尊敬对待的基本权利就意味着具有不被伤害的基本权利，这是一个首要权利。此外，我们也不应该干涉动物的生活。“如果动物不受苦的利益具有道德意义，我们就必须废除而不仅仅是规制动物财产制度，我们也必须停止我们不以之使用于人的方式来利用动物。只要人类仍旧把动物看做物并将其作为人类的财产而继续加以利用，动物权利就无从谈起。”

(三)现代人类中心主义视野下人与动物的关系

现代人类中心主义是可持续发展观的生态伦理学基础，在人类与生态环境的相互作用中将人类的长远利益置于首要地位，认为人类的长远利益和整体利益应成为人类处理自身与包括动物在内的生态环境关系的根本价值尺度。因此，在现代人类中心主义视野下，人与动物的关系是对立统一的。一方面，动物是人类不可缺少的资源，也是人类必须而且应该加以合理利用的资源。动物不仅为人类提供了食物的来源、工业原料、药物的来源，还为科学发展提供了有益的启示。另一方面，不论是从道义角度还是从人类自身发展的需要角度来说，我们都要善待动物，合理利用动物。例如，人类必须承认动物在整个生态环境中的价值，尤其是野生动物的生态作用。在生态系统中，人与动物以及与其他生物、非生物之间的物质循环、能量流动、信息传递，有着相互依赖、相互制约的辩证关系。如果生态系统里某些物种突然丧失，很可能导致整个系统功能的失调，甚至使整个生态系统面临瓦解的危险。曾经在农牧业生产中，因为杀虫剂和农药的滥用，一些益虫和生活在乡野田间的动物也被杀死，一些老鼠、害虫们由于失去了天敌，迅速繁殖，给农业、畜牧业造成毁灭性冲击，生态平衡的重要性由此可见一斑。人类必须加大力度保护动物，对于自然资源的开发必须是有计划性的、合理的，范围和幅度必须是有节制的，才能保持自然生态平衡和自然资源的可持续利用。在人类社会的不断发展中，我们还需要继续利用动物资源，因为目前我们还没有找到动物的替代品以实现对动物的利用体制的废除。虽然，在宰杀、利用动物的过程中，动物的确可以感知痛苦，在某种程度上也可以说它们还具备一定程度的思维能力，然而动物还远远没有达到“理性”这一要求，即使我们按照动物权利论的要求对其施以平等对待，动物也没有能力作为权利主体来主张、行使并实现自己的权利，它只能是作为客体，由人间接的对其加以善待。而这也应该是在我国进行动物立法、动物法研究和教学中应予以秉承的态度。

由上可知，无论是古典人类中心主义、自然中心主义还是现代人类中心主义，虽然在对人与动物的关系认知上有差异甚至矛盾，但都认可动物应受到保护这一事实。

人和动物和睦相处

一、加拿大和谐景象

如果你去过加拿大，就会对那里的动物有所感触。在那里的马路上散步，时不时地就会有一群群羽毛黑亮的肥乌鸦们和行人抢道，它们各自打闹、抢夺人们扔下的面包屑，身体圆滚滚的，有时还引吭高歌、“哇哇哇”地叫上几句，它们自由自在，对人类完全没有戒心，好像马路一直是自己的地盘，并不属于人类。一旁白色的和平鸽们也不甘寂寞地在广场上来回踱步，一身丰

满的羽翼，仪态万千。大海边，或是随风飞翔、或是任风吹拂的海鸥们也懒懒地舒服生活着，有的还微闭双眼，一副陶醉在海风之中的模样，那一身的绒毛还真像是海鸥身上的碧波泉水。总之，在这里，人与鸟类们和谐相处，令人为之动容。

在班芙的列车上，你也可以一览野生动物们的姿态。这里有小羚羊跟着老羚羊们悠闲地穿梭在公路中央，它们全然不在乎来来往往的车流。黑熊们转悠着看似笨重其实机灵的双眼，有时就那么坐在路边，盯着大巴车和小轿车里的人们，也不知在看些什么。如果你遇到了一只鼹鼠，并且喂它食物，它会毫不胆怯地去啃你奉献的美食，并且还会招来一群小鼹鼠们大吃特吃。

在加拿大的阿尔伯塔省有个小城叫做埃德蒙顿，此地远没有北京的气派，没有故宫、长城那样充满历史文化气息的建筑，当然也没有北京的喧闹、拥挤。作为城市，它的风格别具特色。

整个市中心建在山上，高楼林立的地方是政府机关、写字楼、商业区、健身中心。商业区的地下四通八达，相互连通。驱车离开市中心，别是一番景色。沿途有山丘，有开阔的草地、密集的树丛。道路时而平坦，时而起起伏伏。当人怀疑自己身处郊区时，购物中心、学校、超市又呈现在眼前。这里，城市与大自然交融在一起。

动物小知识

信赖，往往能创造出美好的境界！在人与自然的关系中，人类应该善待自然，有所取也要有所付出。比如我们使用森林树木，就要植树造林。用什么补什么，才能可持续发展。

这里很少有人工雕琢的山丘、草地和树林，自然环境被很好的保留。一年中最美的是秋季和冬季。秋风飒飒，道路两旁的小山坡上，枫叶一片金黄，白云游走在蔚蓝的天空之中，置身于这样一幅美丽的画卷之中，怎能不让人感觉精神百倍。暮秋之中，万物凋零，雁群鸣叫声声、向南飞去，这样的景间或薄暮，人的心情也好想随着雁群远去，思乡之情涌上心头。而经过一场大雾、一场大雪之后，冬天的树木披上了白色的新衣，厚厚的雪地上常能发现兔子的足迹和身影。人类不去伤害它们，所以它们也不提防人，除非你走得太靠近了，才会三步两步地一下蹦得无影无踪。

曾看过一张有趣的图片，是一只衔着高尔夫球的松鼠在碧绿的球场上奔跑，它刊载在一份报纸上，这只松鼠以为高尔夫球是蘑菇，打算把它藏进自己的树洞当做过冬的干粮。人们还就这张图片展开了讨论，很多人认为，松鼠衔走高尔夫球并没有错，球场原来是它的栖息地，它并没有见到过高尔夫球这种东西，把它错认为蘑菇也在情理之中。后来，因为保护松鼠，这个高尔夫球场停止了营业，讨论也没有进一步的结果。

人与动物融洽相处的事情还有很多。阿尔伯塔大学的校区里树多草茂，环境幽静。在这里，经常可以看到跑跳着的松鼠，它们不时发出尖细的声音，丝毫不怕人。如果司机在高速路上开车时，一头鹿窜出树林跑上马路，车子必须停下来让它先通过。在这虽然有很多钓鱼处，但是都有严格的规定，垂钓者们钓上的鱼不到规定尺度是必须放生的。而且很多当地居民即使钓上超过规定尺度的鱼也会放生，他们只是享受垂钓的过程而已。

在加拿大的国家公园，又称麋鹿岛。野生的牛、鹿和各种千奇百怪的鸟，总共250种动物自由生活在偌大的自然保护区之中，人们只能驱车进入。公园里巨木遮天，湖面波光粼粼、一望无际。炎热的夏季，很多游人选择在这里露营度过一个悠闲的晚上。指示牌上明确地标记出了每一个区域有哪些野生动物出没。在假期结束归家时，还能看到笨重的野牛们在高速公路边来回踱步，可惜车速飞快，这些野牛们大多是从车窗外一晃而过。

二、澳洲的动物

在澳洲旅行，无论是在城市，还是在荒漠，处处都能感受到人与动物和谐相处的那独具一格的情趣，澳洲人对动物的爱心给每一个旅行者都留下了极为深刻的印象。

(一)澳洲动物不怕人

在澳洲，随处可以见到成群的白鸽，它们在广场、在码头，对人类视若无睹，只是在争抢面包屑时才会蜂拥而上。游人也常在海滩上被成群的海鸥包围，海狮、海豹们在礁石上尽情享受阳光，时而跃出海面、时而懒洋洋地趴着，完全不怕人。即使你只是坐在自己家后花园里（澳洲法律规定无论经济水平如何，住宅一定要有后花园），也会有一大堆鸟来当你的邻居，斑鸠、喜鹊、白颈鸟，还有色彩缤纷的鹦鹉。清晨，被当地人称为“笑鸟”的一种乳白色的巨大鸟类，就会充当闹钟，在枝头咯咯大笑叫醒还在睡梦中的人类。如果去海边野炊，只要一跨出车门，你的肩上、头上可能就会落下几只羽翼鲜艳的翠鸟，而且它们很友善，你可以拿出相机来尽情合影。即使你只是走在路上伸出手，也可能会有几只鸟落在你的手臂上，就像是自家养的鹦鹉一样。人与自然的和谐，在这里得到充分展示。

动物小知识

澳洲独特的动物风貌是吸引许多游客到此探访的众多原因之一。澳洲拥有超过378种哺乳类动物、828种鸟类、4000种鱼类、300种蜥蜴、140种蛇类、2种鳕鱼，以及约50种海洋哺乳类动物。

(二)人不能骚扰动物

如果你在澳洲不小心驾驶，即使是碾死了一只乌鸦都得赔上一笔罚款。如果你虐待鸟类，可能就会被邻居告上法庭。有位老人独自去澳洲探亲，因为平时在家寂寞，就从当地的鸟市上买了一只漂亮的鹦鹉，老人很喜欢，每天都逗鹦鹉说话叫嚷。谁知几天后就接到通知，邻居将老人投诉到了当地政府，称老人可能虐待动物，每天听到鹦鹉发出“救命”的呼喊。政府有关部门立刻派人展开调查，最后指出鹦鹉生活空间太小，必须改进，加大鸟笼面积，老人只得将心爱的宠物放生。谁知这事还没完，邻居又投诉他说将对人

类有依赖性的宠物鹦鹉放生是极其不负责任的，因为它可能不会自己觅食，会饿死，令老人哭笑不得。

如果你长期生活在悉尼，就会发现城郊有很多野生动物园，而且其中动物的展示方式也令人感到非常新鲜。因为在这些动物园中，游客的游览路径贯穿动物居住的区域，人和动物之间没有铁网栅栏，只是随意地铺散着一些树枝，以示隔绝。

三、人象共舞的泰国

泰国有“大象之邦”的盛誉。腿粗如柱，身似城墙的庞然大象，在泰国人民的心目中是吉祥的象征。有人说，泰国的大象，善解人意，勤劳能干，聪明灵性，既是廉价的劳动力，又是乖巧的旅游宠物。也有人会不以为然。或许在你的印象里，一头笨拙的大象，仅是观赏的蠢物而已，没有什么可故弄玄虚的。那接下来我们就对泰国风情好好了解一下吧。

泰国大象集中分布在边境城市清迈以北的丛林山区。20世纪60年代，泰国政府建立了第一所“大象学校”，猎人把3~5岁的捕获而来的野象送去“上学”，一般要年满18岁、实习12年才能经过考试，这些毕业之后的大象就要到岗位上工作了，它们能工作至少40年，如果没有病痛的话，它们要到60岁才能退休。

大象是泰国的劳模典范。它那巨大的身躯能承载成吨的东西，光是1米的长鼻子一次就能卷起1000千克。大象能把巨大的木材用铁链拴住，从崎岖的山路上拖拽到伐木场，任凭陡坡密林也奈它不何。积木场里，会有两头大象负责聚拢这些木材，它们呼扇着两只大耳朵，两颗长牙一铲、鼻子一卷，轻轻松松的就把巨木给吊了起来，比吊车丝毫不差，还能按照主人的指示将木头整齐的码放到指定位置。大象还能带动当地的旅游业，很多游客喜欢骑在象背上，漫步于巨树遮天的原始森林之中，大象也很喜欢和游人互动。

动物小知识

其耳如箕，其头如石，其鼻如杵，其脚如木，其脊如床，其肚如瓮的大象，其实它心有灵犀、与人相通、勤劳能干、灵性聪敏。在泰国这块土地上人和象的和谐相处是值得很多地方学习的。

大象能在各种场合、条件和环境之中发挥作用，给人类排忧解难。它们有的默默无闻地耕作在山区的田间，给人类带来了丰收的希望，有的在城市的动物园里卖艺按摩或者画画，每天吸引着一拨一拨的游人观看表演，给大人孩子带去欢声笑语。踢足球是人类的一项体育运动，大象做运动员可毫不逊色于人类，它们能把比正常足球大一倍的特制足球一脚抽射进球门，整个动作行云流水，异常稳健。而进球之后，大象运动员就兴奋地呼扇呼扇耳朵，向空中扬起鼻子，然后洋洋自得地绕场一周，不时地抬起前腿向人们示意。它那神气的模样真是比世界球星还要骄傲。大象们还会在表演之后向游人收取小费，它的节目也不能白看。要想和大象合照的话，它会把人用鼻子卷起放在背上，让人和它零距离接触，照完相之后，它会用鼻子把小费送进驯象

师的口袋里。如果不交小费的话，你就只能在鼻子上荡秋千别想下地。如果你手上拿着香蕉等水果，那贪嘴的大象一定会走到你的面前，给你跳段舞，然后用两个前腿直立给你作揖，那憨态可掬的样子真是可爱。可是，不等你晃神，它就用长鼻子把你手上的水果给卷进了自己的嘴里。

大象表演里最惊险刺激的要数大象过人。游客在场地里一字排开，等着大象从身上跨过。对于女性，大象兴致勃勃，先用鼻子在两个脸蛋上轻轻地按摩，接着慢慢地按摩两个乳房，似乎怕弄疼了妙龄女郎。有的参与者吓得哇哇大叫，大象依然故我，忘情投入。而对于男性，大象可没这么温柔，它老玩一些惊险的动作，比如把前脚抬起来，悬在你肚子的上空，让围观的群众都不禁捏把冷汗，它对男性不理不睬，非常冷漠，冷不丁地就从他们身上一跃而过。而此刻的驯象员站在大象的腿下，用手摸着大象的肚子，表情表示他也很无奈，其实大象的动作全是在他的授意下进行的，他这样男女区别也是为了博得观众的笑声和掌声。当这一连串动作都做完以后，大象按摩师恋恋不舍地离开场地，那左摇右摆的动作似乎在对观众们说："泰国是男人的天堂、女人的世界，我们大象也要潇洒走一回。"

四、人与动物和谐相处的印度

去过印度的人都知道，那里的动物不受约束，满街乱跑，因为每一个国家的法律都是约束人的，动物的智商很低，不会受到任何约束。因此，印度的动物很自由。它们能毫无拘束地生活，不用担惊受怕。这和印度的文化传统有关系。

民以食为天，物产丰富必须要依赖农业的生产，这是基础中的基础。印度是一个农业大国，在这里就充分体会到这一点。农产品丰富，尤其是奶制品繁多。老鼠、猴子都不缺牛奶喝。

在印度，牛是备受人们尊重的动物，公牛被视为父亲，因为它帮助人类开垦农田，母牛被视为母亲，因为它哺育人类、提供牛奶。印度的公牛和母牛在大街小巷里自由散步，人不会驱赶它们，而是会自觉绕道而行。它们被平等对待，地位甚至高过人类。如果在温达文镇的街头上吃东西，一些牛就会跑来等着行人喂食。来往的印度人会马上去买来面包喂给它们，但对外地游客来说，这些牛就麻烦多了，我们不得不躲避它们，这是因为游人和印度人思想上对牛的态度是完全不一样的。

在传统观念中，我们和动物是不平等的。即使是心爱的宠物，大多数人也习惯强加自己的观念给它们，以为它们被这些观念束缚会很快乐。而事实是，一条宠物狗还不如一条流浪狗快乐，因为它没有自由。那些被驯养在马戏团里和动物园里、失去自由的动物们做着本应不符合天性的动作来取悦人类，在生病或受伤后大多被遗弃或杀害。这简直是一种对生命的极端不尊重。

动物小知识

人与动物的感情可以追溯到远古时代。在古埃及，人们视猫为神。古埃及人有一种奇特的习俗：如果养的猫死了，主人就把自己的眉毛剃掉，以示哀悼。

在温达文，孔雀、鹦鹉、松鼠、鸽子和白鹭等小型野生动物经常漫步街头，你也有机会看到猪、猴子和骆驼，在节日里还能看到大象。10月份的印度，田间喜获丰收，美丽的雅满娜河和恒河河畔，很多候鸟从西伯利亚长途迁移而来，一群群大雁自由地翱翔在蔚蓝的天际。这里不仅是鸟的天堂，同样也是动物的乐园。很多印度当地人会在清晨喂养那些流浪狗和流浪猪，它们虽然很脏，但也有生存的权利，真正人与自然和谐相处的原则就是人类多抚养、关怀一些周围的生物，而不能看到不喜欢的动物就肆意杀戮。

据韦达经典记载，地球上共有840万种生命形态，人类只占其中40万种，是以牛奶和蔬菜水果作为基础食物的种类。从人类的身体结构可以看出，我们主要是以植食性为生。这个传统源于印度，印度素食的人口比例在全世界位于首位。传说在5000年前，地球的重心是以帕拉特之地，那里也就是现在的印度，那附近发生了很多历史事件。在远古时期，一个国家范围内的所有生物会不会受伤害是衡量这个国家文明的重要标准之一，所有的动物都和人类平等，都被看做是地球的居民。而随着时光流转，这些传统慢慢被人类淡忘，为了一己私欲可以去残害那些无辜的生命。如果根据韦达文献，人要满

足以下四个条件，才能够吃肉：

第一，人要把准备杀的动物带到一个空旷无人居住，听不到被杀动物惨叫声音的地方才能动手；

第二，人要在月缺最后的一个漆黑的夜晚，也就是无人能看到的地方才可以动手；

第三，人只能杀两种动物，山羊和鸡；

第四，人在动手之前，要在动物的耳朵旁边大声地对它承诺说："由于我不能控制自己的感官，所以，今生以你为食物，来生我愿意作为你的食物被你所吃。"

如果满足了这四条原则，你的杀生就没有孽报，属于遵守经典原则的范畴。但是，你要付出生命作代价。由于这个原则的延续，印度社会素食的人群至今还有70%以上，即使肉食者也只吃山羊肉和鸡肉较多。

所以我们应该思考，看待一个社会的平等和谐，只是从外观上观察是发现不了的，应该深入到这个社会的里面去了解。在印度，为何感觉不到浮躁和紧张的气氛，反而到处都是一片祥和平静？这也许与这个国家的民众对动物的尊重有关系吧。

"平等"是一个动词，而不是冷冰冰的名词。应该付诸行动，而不是只动动嘴皮。政府应该把尊重动物列入议事日程之中。假设每个人的胃里都塞满了动物的尸体，人们每天都为了满足食欲而猎杀动物，把它们搬上餐桌，那么这些动物们的怨恨充满了我们呼吸的每一寸空气之中。在这种自私自利、没有爱心的社会里生存，人们最终会心浮气躁、心态扭曲，心灵不断遭受冲击最终麻木不仁，和谐的氛围又从何说起呢？

动物趣事

一、鸟类与仿生学

鸟类的飞行能力高超。现代飞机虽然在很多性能上都远远超过了自然界中的鸟类，但在灵活性和能源节约上就远远比不过它们了。举例来说，一只信天翁可以不间断在海洋上空飞行4000多千米，只消耗0.06千克的体重；蜂鸟个头不大，但不仅能垂直起落，而且能以直立姿势吮吸花蜜，并且能悬在空中，灵活进退。如果能研究这些鸟类的特殊功能并加以利用，将会进一步提升飞机的性能。

野鸭能悠然自得地飞行在9500米的高空，而人在登上4500米时，呼吸就已经感到非常困难了。研究鸟为什么会在空气稀薄的条件下，脑血管依然畅通，对人类在供氧不足的环境中正常生活和延长生命有重大意义。

鸽子的腿上有一个小巧而灵敏的感受地震的特殊结构，如果人们能根据它的原理仿制出一种新的地震仪，将会使地震预报更加准确。

动物小知识

仿生学的问世开辟了独特的技术发展道路，也就是向生物界索取蓝图的道路，它大大开阔了人们的眼界，显示了极强的生命力。

鸽子眼睛的视网膜上有6种功能专一的神经节细胞，它们是方向边检测器、普通边检测器、凸边检测器、亮度检测器、垂直边检测器、水平边检测器。模仿鸽子视网膜上的细胞结构而制作的鸽眼电子模型，已经能安装在警戒雷达上使用和应用于电子计算机上处理有关数据，如果能进一步研究，将大大提高这些工具的效能。

地球上，海水占总水量的97%，而海水的人工淡化器设备庞大、结构复杂、耗能高。但是，海鸥、信天翁都可以通过眼睛附近的一条盐腺，把海水中的盐分排出来。一旦完成这个功能的模拟，人类利用海洋的前景将会更加广阔。

此外，人们根据鹰眼的结构，正在研制鹰眼系统导弹。这种导弹在飞临打击目标上空时，能自动寻找、识别目标，并能跟踪攻击。

猫头鹰能在漆黑的夜晚，从雪层下揪出潜伏的老鼠。人们正在分析它的这种性能，进一步研究改进红外感受器。

二、海洋巡逻员

海洋中的各种动物千奇百怪，特异功能五花八门。让它们代替人去执行作战任务，不易被发觉，会使敌人防不胜防，既减少了军费开支，又便于管理和使用。

动物小知识

海豚是人类的朋友，它们十分乐意与人交往亲近。澳大利亚蒙凯米海滩的海豚们已经与人类建立了友谊，并给人们带来了莫大的欢乐和惊奇。

近年来，很多国家的海军通过训练鲸鱼、海豚、海豹、海狮等动物从事军事巡逻、侦察和导航活动，成果丰硕。根据研究，海洋动物有些比一般人的大脑容量还要大20%，比猩猩、猴子要聪明得多。而且在所有动物之中，海洋动物语言词汇传达量也是最丰富的。它们能潜入几百或者几千米的深海，并且拥有准确的方位判别能力和物体性质的识别能力，即使停留几分钟也没

问题。1991年，在海湾战争中，6只海豚被美军部署在海湾北部法尔西岛水域附近，组成了一支特殊的海上巡逻队，它们为美军大型运输船执行巡逻任务。战争期间，美军停泊在在巴林港的第三舰队旗舰“科罗拉多”号遭到了伊拉克潜水员、蛙人以及鱼雷的袭击。但是，舰船在战争中没有一艘受到损害。因为美国舰队在到达海湾时，带来了6只海豚作为卫兵，它们一直在看护舰队的每艘船。它们能准确地探测和识别敌潜水员、蛙人，在水中警戒鱼雷、沉底雷和一些掩埋的水雷。一次，一艘刚开始航行的美军军舰在战斗时，海豚卫兵突然在前方发现一枚锚雷，它立即跳出海面示警，从而使这艘军舰避免了触雷的灾难。

三、动物警卫员

（一）大蟒值夜班

奥地利维也纳一家高级皮鞋店，养了一条2.5米长的蟒蛇“值夜班”。这名“雇员”忠于职守，从没放跑过任何一个盗贼。一次，蟒蛇同一个曾是擂台大力士的盗贼搏斗了几个小时，死死缠住歹徒不放。最后，这位擂台高手终因精疲力竭俯首就擒。

（二）蜘蛛守店

英国有一种毒蜘蛛，身上有能使人致命的毒素。伦敦一家大商店的老板利用人们怕中毒的心理，每晚都在店里放一些这种毒蜘蛛，充当“看守”。从此，盗贼就不敢来了。

（三）凶鹰守库

英国恩奥特市有位农民驯养了一只鹰看守车库。几年来，这只鹰战功赫赫，获得“神鹰”的美称。有一次，这只鹰狠狠地教训了偷车贼，抓得他浑身鲜血淋淋，还啄瞎了他的一只眼睛。几十分钟后，警察根据鹰爪上留下的血迹和破布，逮住了偷车贼。

（四）警鼠查禁

美国哈里森的一些关卡上，养有一些“警鼠”。这种鼠嗅觉特别灵敏，当嗅到人携带炸药或其他违禁物品时，就会发疯似的乱蹦乱窜，提醒工作人员查禁。

（五）老虎看家

巴西里约热内卢市郊，有几家庄园驯养老虎看家。有一家养了一只名叫“桑巴”的雌虎。经过驯养，这只虎对主人一家非常和善。但是，如果陌生人进屋不打招呼，它就不客气了。白天，主人把它关在笼子里；晚上，便把它放出来守夜。从此以后，盗贼就不敢上门了。

（六）鳄鱼保镖

美国纽约一位汽车司机，利用几年时间驯养了一条鳄鱼，当自己的保镖。路上一旦遇到麻烦，这条鳄鱼就会冲上来帮助主人。

动物小知识

近年来，世界各国偷窃、抢劫、走私、贩毒和杀人等恶性犯罪案件层出不穷，犯罪分子的手段日益狡猾，气焰十分嚣张。为了有效地制止犯罪，捕获案犯，人们一方面不断寻求改进安全防御的技术，另一方面则求助于有着一技之长的动物来充当“警卫”“刑事侦探员”“检查员”等重要角色。

（七）白鹅守酒仓

苏格兰一座仓库里，存有1.3亿千克30年以上的高级啤酒，价值3亿英镑。管理这个酒库的工作人员为防止有人偷窃，饲养了90只白鹅看守仓库。白鹅的听觉比狗还灵敏，一有动静，就会发出“嘎嘎”的叫声，向管理人员报警。20多年来，仓库一次也没被盗过。

（八）蟋蟀守珠宝店

南非一位珠宝商用巨型昆虫——皇帝蟋蟀当“保安员”。这种蟋蟀牙齿锋利，像剃刀一样。它们有天生的捍卫巢穴的本性，任何动物侵犯其家园，都难以全身而退。几年来，这位珠宝商设在约翰内斯堡的珠宝店从来没失窃过。

（九）毒蛇看家

南非某小镇一位农民，不但自己用毒蛇看家，还把驯养的毒蛇出租，为顾客看守财物。这种特殊的“保安员”，工作效率特别高，所有租毒蛇看家的顾客，从来没有被盗过。

（十）肥鹅狱警

瑞典南部的波加监狱，有10只肥鹅被聘为狱警。这些不穿制服的“鹅警”十分机灵，从不打瞌睡。它们每天都兢兢业业地在狱中巡逻，如果发现异常情况，就会立即大声叫起来。

（十一）警蛇

印尼雅加达的一个警察局，驯养出了一条条体格健壮的警蛇。只要驯蛇师发出指令，这些蛇便会向目标发起攻击。在一次表演中，一条警蛇用尾巴把一只警犬打得不敢靠前。

（十二）鹦鹉交警

美洲一些城市的交警部门为了节省人力，专门驯养了一批鹦鹉在繁忙的路段维持秩序，对付那些违章者。当“鹦鹉交警”发现有人乱过马路或不走斑马线时，就马上飞上前，对着违章者叫嚷，直到其遵守交通规则为止。

（十三）毛驴保安

美国弗吉尼亚州的一些生物实验部门与警方联合驯养毛驴当保安。毛驴看守大门的能力比狗还强，原因是，毛驴特别安分，总是原地不动，不像狗那样到处游荡，容易被人钻空子。而且，毛驴叫起来，声如警笛，同时，它们不会随便“拉响警笛”，工作效率极高。

四、趣味动物节

（一）毛驴节

苏丹把每年4月30日定为毛驴节。这一天，红海城乡到处都会贴满关毛驴的宣传画和保护毛驴的标语，主人们将自己家的毛驴打扮得漂漂亮亮的，牵到集镇去欢庆节日。

（二）猴子节

印度尼西亚北加里曼丹的居民特别喜爱猴子，将每年5月7日定为“猴子节”。这天早晨，人们会带着准备好的糖果、饼干、糕点以及一些民间乐器，赶到猴群聚集地，“慰问”猴子。

（三）鸡节

西班牙人爱鸡，将6月30日定为“鸡节”。每逢“鸡节”，人们都把鸡舍、大型养鸡场打扫得干干净净。有的还在鸡舍和鸡场周围张灯结彩，装饰鲜花。

（四）羊节

澳大利亚养羊业非常发达，牧羊人大发“羊财”，为此，将每年的8月14日定为“羊节”。每到这天，牧羊人都要为羊放鞭炮驱邪，并致“祝节词”。

（五）狗节

加拿大将每年10月的第二个星期日定为“狗节”。这天，无论哪一种狗，都备受主人的恩宠，不仅可以享受“休假”一天的待遇，而且还能享用丰富的食物。有的地方还举行“狗运会”庆祝节日。

(六)大象节

每年11月10日是泰国的“大象节”。在节日里，大象被主人洗得干干净净，披红挂彩，前往素攀市，参加一年一度的“大象运动会”。比赛项目有拔河、举重、踢球等。

动物小知识

爱护动物已成为目前世界十大环保工作之一。中国从1997年开始纪念“世界动物日”，北京各界环保志愿者自发成立了民间环保慈善机构——首都爱护动物协会，积极开展各种爱护动物的公益活动。

(七)乌鸦节

每年秋季第一个月的10日，是尼泊尔传统的“乌鸦节”。这一天，居民们都将自家的屋顶打扫得干干净净，放置炒米、饼干等食品，等待乌鸦前来享用。谁家的屋顶“来客”最多，主人就会兴高采烈。他们认为，这是吉祥的兆头。

五、海豹音乐家

在苏格兰北部海滩一个偏僻的庄园里，有一位叫罗娜·法尔的小姑娘，非常喜爱动物。一天，一位渔夫送给她一只不到10磅重的小海豹。当时，小海豹像一条可怜的小狗，被大风大浪冲到礁石上。显然，它是与“父母”失散了。小姑娘给它起名叫“劳拉”，用奶瓶喂山羊奶给它吃，它吃得津津有味。它喜欢让法尔抱着，用它那亮晶晶的眼睛，打量周围的事物。

劳拉长大后，很快就能领悟法尔给它的各种行动口令，能帮助法尔提菜篮子和到门口去取报纸、信件。特别让法尔吃惊的是，它对音乐很感兴趣，而且还表现出一定的音乐天赋。

每当法尔弹钢琴时，劳拉就会跳起来，伸直脖子细听。听得多了，它就随着钢琴节奏，轻轻摇摆身子，像入了迷似的。曲子结束后，它还要在钢琴旁边待几分钟，显出意犹未尽的样子。

有一次，法尔自弹自唱一首哈奇地方民歌。这时，靠在钢琴腿旁边的劳拉，竟然发出了一阵低沉的哼声。它试了试自己的嗓音之后，竟跟着钢琴哼了起来。海豹的发音器官比较完善，能发出音调宽广的各种声音。于是，法尔萌生了教劳拉学音乐的念头。她买来一个口风琴作为教劳拉唱歌的伴奏乐器。法尔吹一个音，劳拉就跟着唱一个音，像孩子学唱歌一样。两个星期后，劳拉居然能正确发出不同的音。又过了一个星期，它学会了一支简单的民歌《咩，咩，小羊羔》。以后，它又学会了苏格兰民歌《丹尼的小男孩》和《在我商队休息的地方》。虽然它的发音有些含糊不清，可音调却相当准确。

不久，劳拉对口风琴也产生了兴趣。每当法尔吹口风琴时，它就用毛茸茸的嘴去亲法尔的脸，想把口风琴夺过来。后来，法尔索性把吹管放在它嘴里。它用力咬吹管，但口风琴并不响。这显然使它感到奇怪，在它想尽办法摆弄了一番之后，居然使口风琴发出了声音。

动物小知识

从海豹的头部看，貌似家犬，因而不少地区称其为海狗。有时它爬到礁石上，这时它的动作就显得格外笨拙，善于游泳的四肢只能起支撑作用。海豹爬行的动作非常有趣，因此常引起观者的朗朗笑声。

法尔的朋友慕名从远方来看劳拉，特意送给它一只小喇叭，它就把喇叭嘴含在嘴里，吹出各种刺耳的声音。不久，另一个朋友又给它送来了一个木琴。在法尔的细心指导下，它能慢慢敲打熟悉的歌曲。几周后，劳拉对自己学会敲木琴十分得意。之后，它只要一进屋，就会把木琴推出来，咬起琴锤，

“叮叮咚咚”地敲打起来。

渐渐的，劳拉便远近闻名，来访者络绎不绝，都希望见一见这只具有音乐天赋的明星海豹。当地报刊还刊载了有关劳拉的消息和照片。后来，住在阿伯丁市的一位音乐教师邀请法尔带劳拉去参加该市每月举行一次的音乐晚会。劳拉的节目安排在晚会中间。但是，第一个女歌星还没唱完，劳拉公然在旁边练起了嗓子，从很低的音一直唱到很高的音。它的音域宽广，犹如一支小乐队。歌星受到干扰，唱不下去了，便很聪明地提前退场。劳拉一登台，就受到了热烈的欢迎。两个工作人员把它抬到三角钢琴上，以便大家都能看见它，并在它面前放上一台木琴。在法尔的指挥下，劳拉一本正经地咬起琴锤，《咩，咩，小羊羔》的乐曲开始响彻全场。它的镇定与老练，连法尔都感到吃惊。下一个曲子《丹尼的小男孩》，劳拉演奏得十分流畅，听众听得如痴如醉。听完后，全场的人都高喊“再来一个”。劳拉继续演奏时，投入了过分的激情，以致演奏到一半时，木琴从钢琴上掉了下来。最后，在法尔的伴奏下，劳拉唱起了它的拿手歌曲。每唱一曲，都获得热烈的喝彩。结果，整场音乐会都被劳拉包下了，其他演员都不愿意再唱了。后来，观众干脆与劳拉一起合唱，音乐会的气氛达到了高潮。

这场音乐会的盛况，被许多报刊杂志报道。劳拉成了苏格兰著名的海豹音乐家。

六、海豹救人

在英国，曾发生过两次海豹救人的事件。

爱尔兰渔民森·史坚那与同伴韦利根驾船出海捕鱼时，突然遇到大风浪，渔船被打翻，两个人都落进海里。史坚那见韦利根仍然浮在水面，便使劲向他游过去，希望两个人通力合作，坚持到脱离险境。但是，韦利根显然已经昏迷了。他身旁的海水一片鲜红。他的脚已经被鱼咬伤，全身冻得发白，身体逐渐下沉。史坚那看到这个情景，既恐慌，又无奈。这时，他突然感觉到脚下触到了一个滑溜溜的物体。他更加感到恐惧，以为自己肯定要喂鲨鱼了。可是，他定了定神，感觉到脚下的东西在往上浮动，自己的整个身体被托出了海面。他仔细一看，脚下浮动的不是鲨鱼，而是一只海豹。海豹托住史坚那往下沉的身体，又连忙潜下去托住史坚那的双脚，让他的身体浮出水面。就这样，海豹一直坚持了9个小时，直到有船经过，救史坚那脱了险，它才离开。当史坚那回到船上与那只海豹告别时，海豹也望着他，过了好一会儿，才潜下海底。

动物小知识

海豹的游泳本领很强，速度可达每小时27千米，同时又善潜水，一般可潜100米左右，南极海域中的威德尔海豹则能潜到600多米深，持续43分钟。

另一次，一个叫诺基的人，看着儿子韦纳乘坐的橡皮小艇被巨浪卷走，离岸远去，急得高呼狂叫。诺基与救生员虽然立即跳入海中抢救。但是，面对巨浪，他们无能为力。眼看着橡皮艇渐渐向远处浮去，变成了一个小黑点。诺基夫妇绝望地跪在沙滩上，祈求神灵保佑他们仅8岁的儿子。奇迹真的发生了!只见橡皮艇缓缓地驶回了海岸。在瞭望塔上的救生员从望远镜中看到，一头小海豹正顶着橡皮艇，乘浪涛起伏间的一刹那静止时间，把小艇一点一点地推上岸。已经准备好的救生艇立即驶向小艇增援。人们终于把惊魂未定的韦纳救了出来，而小海豹则功成身退，游回大海。

七、勇敢的海豚

有一次，印度尼西亚航空公司的一架直升机在爪哇海上执行任务时出现故障，驾驶员不得不穿上救生衣弃机跳伞。在波涛汹涌的茫茫大海上，不用说离海岸非常遥远，光是四周那些张着血盆大口的鲨鱼，就很难使驾驶员有生还的可能。正当驾驶员认准方向，朝海岸游去时，突然觉得背后像有人推了一把。他回头一看，原来是一只大海豚。紧接着，他周围又出现了几只海豚。它们分工明确，有的轮流推着驾驶员前进，有的则围在驾驶员周围，防止鲨鱼的伤害。就这样，经过这些“救护员”们几个昼夜的护送，驾驶员安全地回到了岸上。

动物小知识

据有人测验，海豚的潜水记录是300米深，而人不穿潜水衣，只能下潜20米。至于它的游泳速度，更是人类比不上的。海豚的速度可达每小时74千米，相当于鱼雷快艇的中等速度。

有一年初夏的一天，3位年轻的法国海员罗查、泰利和彼得驾着木船在怒海上航行。突然，狂风骤起。这里是鲨鱼出没的危险地带，3位海员急转船头，准备逃命。就在这时，无数灰色的鳍划破海面，向小船飞来。“鲨鱼来了！”一瞬间，一个大浪打来，罗查、泰利和彼得都跌进了可怕的怒海。彼得紧拉着绳子，终于爬上了船。可是，又一个大浪将他再次抛进海里。他正想放弃挣扎，任凭死神吞噬自己时，突然觉得有一只“巨手”将自己轻轻托出了水面。他仔细一看，原来是一只海豚用鼻子顶在他背后，一下子将他抬到船上。彼得在船上环顾四周，不由得吓了一跳。原来，有许多鲨鱼正围着小船游动。更令他惊奇的是，保护他的海豚中，竟有几只去驱逐正在向他游来的两条鲨鱼；其余的海豚，紧贴着船舷，发出一阵阵嘶嘶的尖啸。小船在海上沉浮，不

辨方向。忽然，海豚一起发出尖叫。接着，又一起推着小船，朝着同一个方向游去。小船终于驶回了岸边。罗查和泰利已经在岸上等他了。原来，是其他几只海豚护送他们俩游回到岸边的。

八、鲨鱼救人

罗莎琳是一名大学生。有一年圣诞节，学校放假时，她邀请另外两位同学进行长途旅行，目的地是南太平洋的斐济群岛。在从马勒库岛返回斐济群岛途中，船漏水了，胆大的罗莎琳率先跳入海中，回头向两位同伴高声喊道："跟我游过去，陆地不远了！"

罗莎琳让水流带着自己往前漂。忽然，一块大约2.1米的厚木块撞了她一下。她赶紧抓住木块，在海上随波逐流。漂泊了几个小时后，她看到远处又有一根黑色的木头快速漂过来。当那根"木头"漂到离她大约6米时，她才看清，原来那是一条3米长的鲨鱼。黑色的背、银灰色的肚皮、牙齿在月光下闪着吓人的光。罗莎琳惊恐万分，感到自己已经死到临头了，不由得落下了眼泪。鲨鱼狠狠地撞了她一下，然后，就围着罗莎琳团团转，还经常用尾巴尖扫她的背。突然，有一条鲨鱼从她的身底下钻了出来，在她的周围上蹿下跳。随后，这两条鲨鱼一边一条，把她夹在中间，用头推着她向前游。

动物小知识

很多人以为鲨鱼十分坏，一直攻击人类，其实鲨鱼十分胆小，它之所以会攻击人类，是因为我们人类闯进鲨鱼的地盘。

天亮时，罗莎琳发现，在这两条鲨鱼的外围，还有四五条张着血盆大口的鲨鱼正围着她打转。它们杀气腾腾的小眼睛，死死地盯着她。每当那几条鲨鱼冲过来要吃她时，这两条鲨鱼就冲出去抵御它们，并把它们赶远。如果不是这两位“保镖”奋不顾身地保驾，罗莎琳早已经被撕得粉碎了。第二天中午时分，保护着罗莎琳的两条鲨鱼中的一条突然潜入海中，过了一会儿又浮上来。罗莎琳发现，在她面前漂着一条小鱼，尾巴已经被咬掉了。琢磨了片刻，她恍然大悟。原来，这是鲨鱼为她准备的午餐。在海上漂流了20多个小时，罗莎琳早已经饥肠辘辘了。她顾不得生熟，拿起小鱼就放进嘴里嚼了起来。

当暮色再一次笼罩海面时，这两条鲨鱼还是一直陪伴着她。这时，她突然听见头顶上方有“嗡嗡”声。她抬头一看，原来是一架救援直升机。直升机上放下了绳梯，她用力攀住了绳梯，爬了上去，罗莎琳得救了。她在半空中低头往下看时，那两条救命的鲨鱼已经消失得无影无踪了。

罗莎琳的遭遇轰动了世界。鲨鱼，这个自古以来被认为是人类在水中最凶恶的敌人，竟然会援救一位落水的姑娘，并保护着她免受同类的攻击，真是件不可思议的事。

为什么这两条鲨鱼会救人呢？难道水中恶魔中也有“怀着菩萨心肠的善类”吗？这个问题给生物学界留下了一个谜团。

九、海豚领航记

离新西兰首都惠灵顿不远的地方，有一条狭窄的海峡，这里暗礁丛生、水流湍急、波涛汹涌、雾霭弥漫，途经此处的航船经常失事。1871年的一天，“布里尼尔”号航船从这儿经过时，航船附近突然出现了一只海豚，它一直伴随在航船周围，并与航船保持相同的速度前进，久久不肯离去。这种现象引起了船长的注意，并且他还从中得到了启示。他想，海豚能通过的地方，必定水道畅通，若跟着它行进，触礁的危险率就会大大下降。于是，他亲自掌舵，紧紧地跟着海豚朝前行驶，海豚向左，他的舵就向左打；海豚向右，他的舵就向右打；海豚游得快，他就加快速度；海豚游得慢，他就减慢速度。果然，“布里尼尔”号安全顺利地通过了海峡，没有遇到任何险情，一路上船长也感到十分轻松。全船上下无不感激这只神奇的海豚。

事情传开后，引起了海员们的极大兴趣。有的好奇，有的半信半疑，有的则不屑一顾。然而，当许多航船都接受这只海豚的领航，并且安全、顺利、轻松地驶过海峡后，海员们都深信不疑了。为了表达自己的感激之情，海员们亲切地称呼这只海豚为“戴克”。

自从戴克为船只领航后，多事的海峡平静了，航行事故也几乎不再发生。戴克的名声越来越大，也越来越受到海员们的爱戴。然而有一天，一艘名叫“塘鹅”号的航船开过时，船上的一名醉汉对准戴克连开数枪。枪声响过，戴克也无影无踪了。人们猜它已经丧生在枪口之下，都悲恸万分。然而没过多久，戴克又出现了，它仍旧活跃在海峡中，为过往的船只领航，海员们无不欢呼雀跃。不过令人惊奇的是，只要那艘“塘鹅”号开来时，它就会“退避三舍”，拒绝为之带路。不久，就传来这艘船触礁沉没的消息。

动物小知识

海豚是一类智力发达、非常聪明的动物，它们既不像森林中胆小的动物那样见人就逃，也不像深山老林中的猛兽那样遇人就张牙舞爪，很恐怖，海豚总是表现出十分温顺可亲的样子与人接近，比起狗和马来，它们对待人类有时甚至更为友好。

然而，1931年的一天，戴克消失了，人们猜测它大概是走完了生命的历程。那么，海豚为什么会领航？它又是如何来识别目标的呢？

有人说，海豚领航完全是偶然之举，没有研究的必要。但戴克60年如一日地这么做，却又无法让人相信这是偶然行为。况且，在许多别的海区，也有海豚伴船而行的情况，更使“偶然”的说法站不住脚。

人们对驯养过的海豚进行观察后发现，它们有逐浪嬉游的特点，还有用身体摩擦坚硬物体的嗜好。据此，有人解释道，海豚“领航”并不是有意识的行为，而是在航船周围能找到逐浪嬉游的环境以及摩擦身体的坚硬物体。据有关海员回忆戴克领航时说，它并不是一直都游在航船的前头，而是常在航船周围游来游去，用身体磨蹭船底。这就给上述理论提供了一些证据。

如果说上述解释尚属可行，那么，60年如一日地如此坚持着，又该如何解释呢？要知道，一个人能做到这一点都是非常困难的，更何况一只海豚呢？还有就是为什么戴克能认出伤害过它的那条航船并且拒绝为之领航呢？

对此，人们以海豚具有用“声纳”精确识别目标的能力为由来进行解释。但也有人认为这个解释有些牵强。海豚的确具有精确的声纳探测能力，但要区别船只并作出拒绝反应，似乎是一种高级思维活动，难道海豚也具备高级思维能力？看来，要解决这个问题，人类还需进行不懈的努力。

第二章

动物的生存危机

虽然生态危机正在发生，人类对动物的屠杀却没有停止。从可可西里到北冰洋，从阿拉斯加到高加索山脉，野生动物的灾难永无休止。尽管动物保护组织一再反对，野生动物皮毛制成的大衣仍然出现在昂贵的时装专卖店里。日本人屠杀鲸鱼的船只还在日夜航行，用雷达跟踪定位鲸鱼无比精确。而在大海中生活了4亿年的海洋霸主鲨鱼，也因为人类贪图鱼翅的美味，正在面临残忍的杀戮。

当大熊猫退无可退

随着人类社会进入工业化时代，先进的生产技术促进了各行各业的全面发展。人在大自然面前具有巨大的挑战能力，改造自然为我服务，成为人类拓展自己的生存空间，提高生活质量的基本思维。

进入19世纪后，人口的增长速度惊人。1804年世界人口只有10亿，到1927年增长到20亿，1960年达到30亿，1975年达到40亿，1987年上升到50亿，1999年世界人口达到60亿。世界人口每增长10亿人，所需的时间分别缩短为约120年、30年、15年、10年！

急剧增长的人口，依赖于土地和牧场的大幅度增加。世界耕地在19世纪

初仅有4.5亿公顷，而到20世纪末已达15亿公顷左右，相当于全球陆地面积的10%，同时牧场面积约有30亿公顷。这样，耕地和牧场面积总和占陆地面积达30%。耕地和牧场的迅速增加，意味着森林的严重破坏和面积的减少。据估计，世界仅热带森林面积每年就减少1130公顷，而造林面积只有毁林面积的1/10。森林消失，也就意味着大量野生动物失去了自己的家园。

正是在这一背景下，大熊猫的家园开始变得支离破碎。

大熊猫在中国被誉为国宝。长期以来大熊猫一直生活在我国的川、甘、陕三省交界处的深山之中，1869年法国传教士大卫在四川省宝兴县发现了大熊猫，他的这一发现轰动了全世界，从而使人类首次结识了这种被誉为“活化石”的古老物种。

阿尔曼·大卫（1826~1900）是法国苦修会的神父，自幼酷爱自然，喜欢动物，经常捕捉各种昆虫，制成标本。大卫1850年成为神父，10年后被教会派遣来中国传播天主教。19世纪的中国，备受列强的欺凌，英、法等国在一系列不平等条约的基础上，强行与中国通商，教会也趁此机会行动，派遣人员来中国传教。许多传教士由于有广泛的科学爱好和博物学基础，往往受国内一些科研机构的委托，同时对中国进行一系列资源调查，其中一个方面就是调查了解中国的动植物资源。大卫在来中国之前，就接受了法国巴黎自然历史博物馆交给他的一项任务，采集中国的珍稀动物和植物标本。

1862~1874年，大卫在中国住了12年，其间他将调查到的大量植物制成标本寄回法国。在动物资源方面，大卫在中国发现了58个鸟类新种，100多个昆虫新种，还有许多重要的哺乳动物新种，包括中国特有的哺乳动物大熊猫、金丝猴等。

1867年，大卫在短暂的回国后第二次来华。听说四川西部一带动物种类很多，而且有一些是人们尚未知晓的珍稀物种，他便从上海到达宝兴，担任穆坪东河邓池沟教堂的第四代神父。1869年3月11日，大卫在当地一户人家中见到了一张被称为“白熊”的奇特动物毛皮，他兴奋不已。他从未想到世界上竟然还有这样漂亮的动物皮毛，他马上就意识到这张动物皮的重要价值。

为了得到这种奇特的动物，大卫雇佣了20个当地猎人上山搜捕。一段时

间后，猎手们终于给大卫带来了1只“白熊”和6只活生生的猴子。看到这只毛茸茸、憨态可掬的、黑白相间的“白熊”，大卫为自己的发现而高兴，他决定将这只可爱的动物带回法国。可是，要从这偏僻的大山将一只野生动物带到遥远的法国，在那时的条件下几乎是梦想。这只倒霉的大熊猫还没运到成都就死去了，大卫只好将它的皮做成标本，连同描述报告寄给巴黎自然历史博物馆，并在该博物馆的公告中发表了自己的研究报告。

巴黎自然历史博物馆主任米勒·爱德华兹经过充分研究后认为，这种新的动物既不是熊也不是猫，而与在中国西藏发现的小猫熊相似，便正式将它命名为“大猫熊”，并按照惯例，在拉丁文中将发现者大卫的名字写于其中。

动物小知识

大熊猫取水总是求近舍远，日复一日地走出一条明显的饮水路径。它们到了溪边，以舔吸的方式饮水，若溪水结薄冰或被砂砾填没，则用前掌将冰击碎或用爪挖一个浅坑舔饮。

科学界对于大熊猫的身世，曾经长时间存在争论。这从它名字的变化也能看到，至今在中国台湾，它还被称为“大猫熊”。这是因为专家们对于大熊猫的认识不一致，有人认为它属于熊，有人认为它属于猫。对于人们习惯上的两种不同读法，有一种解释是来自“误读”。1939年，重庆平明动物园举办过一次动物标本展览，其中“猫熊”标本最吸引观众注意，它的标牌采用了流行的国际书写格式，分别注明中文和拉丁文。但由于当时中文的习惯读法是从右往左读，所以参观者都把“猫熊”读成“熊猫”，久而久之，人们就约定俗成地把“大猫熊”叫成了“大熊猫”。其实，大熊猫的学名就是“猫熊”，它与小熊猫(学名是“小猫熊”)也并非近亲，小熊猫属于浣熊科，大熊猫因为自身结构和在进化中地位的特殊性，独立成科，为猫熊科。

大熊猫是一种古老的动物，现代大熊猫祖先的化石于20世纪50年代在广西柳城的巨猿洞里被发现，距今约100多万年。从牙齿情况分析，这种古老的大熊猫和现代的大熊猫并没有多大区别。大熊猫本来是食肉兽，在长期进化过程中习性逐步发生变化，到今天，成为专以竹子为食物的特殊动物。偶尔它也能够捕食小动物，这时你才能够从它的身上看到其远古祖先凶猛的影子。

由于大熊猫食物的极度单调狭窄，生活范围只限制在海拔2000 ~ 4000米的高山有竹林的地方，尽管一直受到国家的保护，但仍面临着极大的生存危机。

第一，食物问题。1974 ~ 1976年，在甘肃汶县和四川平武、南坪等地，由于大片箭竹开花枯死，结果饿死了大批大熊猫，事后调查发现的尸体有138只。1983年以后大熊猫产地竹子又普遍开花，引起了全世界的关注，在保护区的大力抢救下，虽然灾情比上次严重，但是大熊猫的死亡率大大降低，共抢救出大熊猫43只，其中救活31只，死亡12只，再加上野外捡到32具尸体，共死亡44只。目前，食物短缺仍不时威胁着大熊猫。根据近些年的观察发现，大熊猫的生活海拔范围有下降的趋势，一些大熊猫经常到低海拔的山下觅食。

第二，大熊猫的患病率很高，特别是蛔虫感染率可达60% ~ 70%。在野外经常出现病死个体，严重危害着大熊猫种群的壮大。

第三，尽管我国早在1963年就建立了以保护大熊猫为主的自然保护区，到目前保护区面积约1.055万平方千米，占大熊猫实际分布面积的81.2%，但由于许多大熊猫种群呈孤岛分布，因此仍是一个濒危物种。从分布范围看，它已从历史上广布于亚洲东部而退缩到中国川、甘、陕三省局部地区。特别是近半个世纪以来，人类生产活动无节制地扩展，大熊猫分布区已由约5万平方千米缩小到1万多平方千米，且被分割成大小不等的20多块岛屿状，残存于秦岭、岷山、邛崃山脉以及凉山和相岭六大山系，地属川、甘、陕3省的37个县，野外大熊猫数量只有1500多只。

尽管大熊猫的保护随着1998年的天然林的停止砍伐和自然保护区的建立而又充满了希望，但它们的栖息地还是随着西部山区旅游业大规模发展和政府基础设施建设而不断被破坏。在邛崃山和岷山地区，一方面随处可以见到“熊猫故乡”的旅游宣传告示，另一方面又不断建设道路、矿山、水电站等设施，侵占和损害它们的栖息地，使大熊猫的生存环境日益恶化，生存条件岌岌可危。

大熊猫在地球上的存在已超过300万年，这期间虽然躲过了一次又一次的自然灾难，却无法躲过近百年人类对它栖息地一点点地逐步蚕食和破坏。

最后一种园囿动物：麋鹿

麋鹿为鹿科大型草食动物，因其形态特异，角似鹿、蹄似牛、尾似驴、颈似驼，而被称为“四不像”。麋鹿是原产我国的珍贵稀有野生动物，现在其野生种群已经灭绝，世界上现存的麋鹿都来自园囿。

早在200多万年以前，麋鹿曾广泛分布于我国大陆广大地区和中国台湾、日本等地。从化石资料上看，北起东北南部，南到广东、海南，西至陕西、湖南西部，东到中国台湾的广阔区域内，均有麋鹿生存的痕迹。我国人民对麋鹿的认识有着悠久的历史，早在3000多年前的甲骨文中就有射猎麋鹿的记

载。至2700年前周朝达到鼎盛时期，就开始有麋鹿之名称，并开始大量猎捕，取肉供食。秦汉以后，麋鹿数量开始锐减，分布范围也逐步缩小，随着湖沼湿地的开发和大量的捕猎，最终导致野生麋鹿全部灭绝。

关于麋鹿的灭绝时间，有的人认为是在商周以后的某个时期，有的人认为自西汉以后，有的人认为在唐代。最近，有些学者经考证后，确定麋鹿在我国是在19世纪到20世纪初才最后灭绝的。即便这样，麋鹿在我国的绝迹已有百年历史了。麋鹿的灭绝原因主要有三个方面：本身特点、湖沼湿地的消失和人类的捕杀。自身方面的原因是指麋鹿个体比较大，给其生活、生育和避敌带来了困难。从其生活习性上看，麋鹿是一种泽兽，适生于沼泽水草丛生之地。但随着人类社会的进步，东北、华北平原地区大面积的沼泽湿地被开垦为农田，野生麋鹿和人类争夺地盘的斗争也愈演愈烈，最终导致它们的绝迹。麋鹿与人类的生活关系很密切，在古代就有许多猎捕麋鹿的记载。

动物小知识

麋鹿不仅体型独特，而且身世也极其富有传奇色彩——戏剧性的发现，悲剧性的盗运，乱世中的流离，幸运的回归等，因此成为世界著名的稀有动物之一，在世界动物学史上占有极特殊的一页。

在我国人民猎捕麋鹿的同时，也开始了对麋鹿的饲养和保护，至少在公元前1000年之前的周文王时期就已开始人工饲养麋鹿。齐宣王时有“囿方四十里，杀其麋鹿者如杀人之罪”，用严刑厉法保护园圃里豢养的麋鹿。当今世上的所有麋鹿也都来自清代北京的皇家猎苑——南海子，并在此地被西方人发现后进行了科学记载。然而由于19世纪末的水灾使南海子的围墙倒塌，麋鹿逃散，流失人间，成为饥民食粮。随后，1900年八国联军攻进北京，战祸使麋鹿最终彻底消失了。

所幸的是，自麋鹿被西方发现以后，欧洲各国通过各种手段，在1865~1894年之间从中国获得不少个体，饲养在动物园之中。动物园内的禁闭式的生活，严重地影响了麋鹿的生长发育，麋鹿普遍出现体质退化、繁殖困难、趋于衰亡的状态。为了挽救这种珍稀的动物，英国十一世贝福特公爵自1894年至1901年相继从欧洲各地收集了18只麋鹿，组成世间唯一的麋鹿群，将其放养在他的乌邦寺庄园，使这种动物得以保存下来。现在世界上共有麋鹿近2000头，全部都是由乌邦寺庄园的18只麋鹿群延续下来的。

为了让麋鹿能回归故里，重建野生种群，20世纪80年代，我国政府建立了北京南海子和江苏大丰自然保护区，并于1985年和1986年分别从英国引回20头和39头麋鹿放养在这里。回归祖国的麋鹿在其园囿故乡南海子和野生故乡大丰健壮成长，到1992年年底已繁殖到122只。目前，在大丰保护区出生的“大丰籍”母麋已开始繁殖后代，标志着重建野生麋鹿种群的梦想即将成为现实。

被赶尽杀绝的华南虎

华南虎，世界上最濒危的动物之一，它也许已经从山林中消失。

华南虎，一直牵动着中国人的心。2007年发生在陕西省的华南虎造假新闻，曾引起广大公众的强烈关注。周正龙用华南虎照片伪造证据，谎称发现了华南虎，甚至引起美国《自然》杂志的注意。

一种野生动物的濒危和消亡，从来没有像今天这样引起人们如此强烈的关注。因为，华南虎就在这些年，就在我们的动物保护意识刚刚觉醒时，从我们的眼皮底下，已几乎走向了灭绝。

长期以来，虎在人们的心目中，一直是兽中之王。虎在生态系统中，位于食物链的顶端，有“旗舰物种”之称。据估计，全球野生虎的数量可能已经不足5000只，主要分布在亚洲的孟加拉国、中国、印度以及俄罗斯等国家。

在中国，大家最熟悉的虎有西伯利亚虎（又称东北虎）和华南虎（又称中国虎）。东北虎分布在我国黑龙江、吉林省的大面积原始林区。华南虎曾在秦岭以南广泛分布。20世纪80年代以来多次普查表明，华南虎在野外仅残存不到20只。21世纪初，由中外科学家的联合调查表明，华南虎可能已经在野外消失。据估计，野生东北虎可能不到20只。

虎在中国曾是一种分布很广的动物，由于猛虎伤人，早在20世纪五六十年代，打虎就是一种公认的英雄行为。但华南虎和东北虎却有不同的遭遇，1959年，林业部门就把华南虎与熊、豹、狼等划为害兽，号召人们大力捕杀；而东北虎则被列入与大熊猫、金丝猴、长臂猿同一类的保护动物，可以活捕，不能杀死。这样，华南虎就遭遇了灭顶之灾。

中华人民共和国成立初期，野生华南虎的数量估计有4000多只，这是一个很庞大的群体。由于虎对人类的威胁，政府号召打虎，甚至还组织专门的打虎队，千方百计对其赶尽杀绝。例如，1956年冬，福建的部队和民兵联合作战，捕杀了530只虎、豹。在这场运动中，江西的南昌、九江、吉安等地捕杀了150多只老虎。有一个专业打虎队，在1953~1963年的10年时间内，转战粤东、闽西、赣南三省，共捕杀了130多只虎、豹。在围歼华南虎的运动中，涌现出许多打虎英雄。

动物小知识

“华南虎”一词源自我国。其实华南虎远不止分布于我国的华南地区，过去就连华东、华中、西南地区也有广泛分布。它是我国独有亚种，称为“中国虎”更加合适。

看一看同时期虎皮回收的情况，大体可以看到虎的种群消亡过程。

1956年全国收购虎皮1750张，江西省1955~1956年捕虎171只，湖南省1952~1953年共捕虎170只。1960~1963年河南省至少捕虎60多只。广东在20世纪50~60年代捕虎数量约为70只。进入70年代后，江西的华南虎年捕猎量少于10只，1975年后再没有捕过虎。河南省在70年代初期每年捕虎7只，浙江每年捕虎3只。70年代广东猎虎不到10只。湖南省最后捕到野生虎是在1976年。1979年全年只收到一张虎皮。湖北最后捕到野生虎的时间是1983年。

谁也没有想到，30年后，华南虎会在中国引起再次关注，关注的焦点是希望恢复一个走向灭绝的动物种群，为保持中国的生物多样性做一份努力，但为时已晚。

就在我国号召大规模猎杀华南虎时，一些国际动物保护组织开始对华南虎的处境表示极大的关注。1966年，国际自然与自然资源保护联盟在《哺乳动物红皮书》中将华南虎列为濒危级。

而我国在1973年的《野生动物资源保护条例》(草案)中，还把华南虎列为三级保护动物，仍允许每年控制限额的捕猎。4年之后的1977年，终于将

华南虎从黑名单转入到受保护的红名单，它和孟加拉虎同属于禁止捕猎的第二类动物。东北虎仍然位于保护兽类的首位。到1979年，才将华南虎列为一级保护动物。据估计，到1981年，野生华南虎的数量大约只剩下150~200只。

鉴于华南虎的濒危状况，1986年在美国举行的“世界老虎保护战略会议”上，把中国特有的华南虎列为“最优先需要国际保护的濒危动物”。1989年，我国颁布了《野生动物保护法》，终于将华南虎列入国家一级保护动物名单。1996年，国际自然与自然资源保护联盟发布的《濒危野生动植物种国际贸易公约》，将华南虎列为世界十大濒危物种之首。华南虎成为最需要优先保护的极度濒危物种。1993年，鉴于中国野生虎数量已极为稀少，国家禁止了虎骨贸易，禁止虎骨入药。同时，东北虎在人工圈养条件下，大量繁殖，在东北最大的繁殖基地中，数量已超过900只。虎在动物园中也迅速繁殖，仅北京动物园饲养的东北虎，从20世纪50年代到现在已繁殖了120多只。

从20世纪50年代开始，我国在捕获野生华南虎的基础上，开始进行人工饲养。华南虎作为一种观赏动物，进入了动物园。有6只华南虎传留了后代，至今共有300多只。在动物园中饲养的这些虎，由于人们缺少对动物的爱心，有些不同程度地受到虐待。

华南虎，这一悲剧性的物种，终于成了举世瞩目的明星。只是聚光灯下空空落落，主角缺席。我们不知野生华南虎身在何处，甚至，不知道它们是否永远告别了这个世界。

白鳍豚的消失

长江是我国第一大河，世界第三大河，干流全长6300余千米，流经六省二市，历来就是沟通我国西南腹地和东南沿海的交通运输大动脉。

由于中国经济的持续快速发展，长江沿岸又是我国经济发展最快的地区之一，进入21世纪，长江航运迅猛发展。2005年，长江干线货运量达到11.23亿吨，是密西西比河货运量的2倍和莱茵河货运量的3倍。

通过长江货运量的不断增长，可以知道沿岸经济的发展是快速的，但同时，滚滚不息的江水，也为沿岸的排污提供了方便。水上载运的是各种各样的物资，水中流淌的是难以计数的污染物。

2005年，90%未经处理的工业污水、农药、化肥、生活污水直接排到长江中，1秒钟污水排放量达3吨，全年污水排放量达256亿吨。

长江干流共有21座城市，重庆、岳阳、武汉、南京、镇江、上海6大城市的垃圾污染带，占长江干流污染带总长的73%。

长江流域最主要的污染源就是工矿企业产生的废水和城镇的生活污水。来自农田的化肥、农药污染，是长江的另一主要污染源，由此造成的污染不亚于工业废水和生活污水的污染。长江上常年运营的机动船舶多达21万艘，它们每年产生的含油废水和生活污水高达3.6亿吨，生活垃圾也多达7.5万吨，这些都随着江水排入大海。污水造成长江干流60%水体不同程度的污染，危及沿江500多座城市的饮用水。

“长江可能变成第二条黄河”，专家和媒体一直发出这样的警告。长江水逐年变浑浊，主要是由于上游不断加重的水土流失。作为上游的水源地区，长期的采伐导致森林覆盖率不断下降。上游地区森林覆盖率历史上曾达

到60%~85%，到20世纪80年代一度降至10%左右。沿江两岸有的地方只剩5%~7%。目前长江流域水土流失面积超过66万平方千米，占流域总面积的1/3，年土壤侵蚀总量达22.4亿吨。这么多的土壤最后差不多都成为长江里的泥沙，并由此加速了湖泊的沼泽化和萎缩消亡进程。

长江水的严重污染和泥沙含量的增加，使鱼类捕捞受到严重影响。1954年长江流域天然捕捞产量达42.7万吨，目前只有10万吨左右；1960年长江四大家鱼苗产量达300多亿尾，目前不到10亿尾。

与此同时，生物多样性受到极大破坏。1985年，在长江口观测到126种底栖动物。到2002年，只剩下52种。珍稀水生动物濒临灭绝，其中白鳍豚已被宣布灭绝，江豚、中华鲟甚至普通的刀鱼等也处境艰难。

2006年，来自中国、瑞士、英国、美国、德国、日本六国的鲸豚类专家，从武汉出发沿长江到上海，历时38天，往返航行近3400千米，考察范围包括长江中下游所有支流，经过大规模高精度的搜寻，没有发现白鳍豚。随后，考察组发表报告，宣布白鳍豚已经“功能性灭绝”，意思是就算还有极少数个体存在，也不能维持一个物种的延续了。

对于这样一个结果，考察组的英国专家杜维说："人类损失了一种独特和充满魅力的生物品种。白鳍豚在地球上消失，表示进化生命树上有一条旁枝完全消失，至今，仍没有一个国外的专家见过活着的白鳍豚，白鳍豚的标本只在美国华盛顿、纽约和英国的自然历史博物馆中有收藏。

动物小知识

成熟的白鳍豚的大脑每天有7~8小时（近似成人睡觉习惯）属于半睡半醒状态，其余时间全脑觉醒。半睡半醒状态下，白鳍豚会保持时速1~5千米的速度在水面漂浮。白鳍豚跟其他的哺乳动物一样能够做梦，而特点是它们的大脑能够一半觉醒一半做梦。

1956年，南京附近的渔民在长江中捕到一条奇怪的"大鱼"，被送到当时的南京师范学院制作成标本，但没有人叫得出它的名字。1957年，当时只有25岁的动物学家周开亚，从中国科学院动物研究所学习归来，见到了"怪鱼"标本，他也不认识。由此周开亚开始研究这种陌生的动物，一年后他的论文发表，国外的动物学家才有了白鳍豚的新消息，并称周开亚是白鳍豚的重新发现者。

后来，这位著名的白鳍豚研究专家不无遗憾地回忆说："当时国内还没有保护野生动物的观念，我对白鳍豚的初期研究，只是给动物学文献修正了一处失误，没有给濒危的白鳍豚提供任何帮助。它依旧默默无闻地生存着。"

到20世纪70年代中期，周开亚得到了1000多元的研究经费，一个人用3个多月的时间，跑遍了沿江的湖北、湖南、江西、安徽、江苏和上海，寻找白鳍豚。他发现，白鳍豚的分布范围，比原来知道的要大得多，可以从洞庭湖长江段向西推进200千米以上，直至三峡；向东，白鳍豚不但可以直达长江入海口，甚至还曾在浙江省富春江一带出没过。由此开始，中国的白鳍豚研究进入了研究与保护并举的时期。

1980年，湖北省嘉鱼县的几位渔民在长江与洞庭湖交接处捕获了一头雄性白鳍豚。这头白鳍豚被武汉的中科院水生生物研究所收养，测量它的体长为1. 47米，体重36.5千克，年龄约为两岁，并取名为“淇淇”。1986年，“淇淇”差不多8岁时，达到性成熟年龄。研究人员开始给它找“对象”，先后3次找来4只捕获的白鳍豚，但都因为受伤等原因，没有养活多长时间。就这样，“淇淇”自己一直生活到2002年死去，年龄约为25岁，大概是高龄了。

被人工饲养了22年的“淇淇”，成为人类认识白鳍豚唯一的活标本，它为一个物种的历史画上了句号。

白鳍豚的消亡，主要原因是人为伤害。几十年来发现的白鳍豚，都是被轮船的螺旋桨所伤害，频繁的水上运输严重干扰了白鳍豚的声纳系统，导致误撞在船舶上致死，或者是被非法渔具所伤，也有的是因为遭受污染而死。据统计，1973~1985年间，共意外死亡59头白鳍豚，其中被渔用滚钩或其他渔具致死29头，被江中爆破作业致死11头，被轮船螺旋桨击伤死亡12头，搁浅死亡6头，误进水闸死亡1头。

白鳍豚消失了，长江之水还在继续遭受着污染和水上运输的巨大干扰。长江中还有大约1000只江豚，属于国家二级保护动物；还有中华鲟，属于国家一级保护的珍稀鱼类，数量稀少，由于个体大，更易受到伤害。不知这些动物能支撑多久，是否会重蹈覆辙？参与考察的另一位专家不无遗憾地表示：“我们来得太晚了，这对于我来说是一个悲剧，我们失去了一种罕见的动物种类。”

藏羚羊的悲歌

藏羚羊是中国青藏高原的特有动物，国家一级保护动物，主要分布在中国的青海、西藏、新疆三省区，现存种群数量约7 ~ 10万只。

藏羚羊历经数百万年的优化筛选，淘汰了许多弱者，成为“精选”出来的杰出代表。许多动物在海拔6000米的高度，不要说跑，就连挪动一步也要喘息不已，而藏羚羊在这一高度上，可以60千米的时速连续奔跑20~30千米，使猛兽望尘莫及。藏羚羊具有特别优良的器官功能，它们耐高寒、抗缺氧、食料要求简单而且对细菌、病毒、寄生虫等疾病所表现出的高强抵抗能力也已超出人类对它们的估计，它们身上所包含的优秀动物基因，囊括了陆生哺

乳动物的精华。根据目前人类的科技水平，还培育不出如此优秀的动物，然而利用藏羚羊的优良品质做基因转移，将会使许多牲畜得到改良。

由于藏羚羊独特的栖息环境和生活习性，目前全世界还没有一个动物园或其他地方人工饲养过藏羚羊，而对于这一物种的生活习性等有关的科学研究工作也开展甚少。

可是突然有一天，刺耳的枪声划破了藏羚羊家园的宁静，厄运降临到它们头上，仅仅是因为它们身上轻软细密的绒毛，可以用来制造一种叫做“沙图什”的披肩。无数藏羚羊被非法偷猎者捕杀！昔日茫茫高原上数万只藏羚羊一起奔跑的壮观景象，如今再也见不到了。

什么是“沙图什”？“沙图什”是波斯语中“羊毛之王”，又叫“皇帝披肩”，也就是供王者使用的顶级羊毛织品。该织品质地轻柔，能从戒指中轻易穿过，所以又被称作“戒指披肩”。近几个世纪，巴基斯坦人和印度人之间流行珍藏被制成上等装饰品和收藏品的“沙图什”。流传到欧美之后，它也在欧美上流社会中迅速风靡。“沙图什”披肩在近年来慢慢成为欧美市场的时尚指标，如果你没有一条“沙图什”，那可算不上真正的有钱人。“沙图什”渐渐成为财富和地位的象征，屡屡售出天价，一条最贵可以卖出4万美元，甚至超过相同重量的黄金。以手工编织为主的“沙图什”行业，也随着市场需求的不断攀升而不断升级，20世纪80年代末，生产规模加大到机器生产，流水线作业提高了生产效率，所以对原料的需求也剧增，盗猎藏羚羊的不法分子有的穿过国境线，来到了中国藏北高原。他们之所以铤而走险，和羊绒价格的暴增有重要关系，1996年，一张完整的藏羚羊皮在黑市可以卖300~400元，每千克生羊绒价格是1715美元。暴利使大批武装精良的不法分子蒙蔽了良心，开始疯狂屠杀藏羚羊，他们将藏羚羊在藏北高原栖息地猎杀，抛尸取皮，辗转运送到拉萨取羊绒，生羊绒再由尼泊尔走私至克什米尔地区，最后制成披肩，经印度商贩转手卖到欧美地区，藏羚羊的悲剧不断上演着。

实际上，很多买家并不知道“沙图什”的血腥本质，因为盗猎者、制造者和销售商早就为羊绒的来历捏造了一个美丽的谎言：他们说，那些如同鹅绒般轻柔的原料，都是克什米尔地区的山民爬到高山上，长时间辛苦地把藏羚羊换季褪毛后散落在灌木丛和岩石缝中的毛收集起来的。人们对这种说法也深信不疑。

冬季是盗猎者最猖獗的季节，因为这时藏羚羊要御寒过冬，羊绒较厚。但随着杀戮持续，藏羚羊数目锐减，冬季藏羚羊分布又不那么集中，于是头疼的偷猎者们又把目光转移到藏羚羊的繁殖地。在夏季，藏羚羊繁殖产仔时习惯集群迁徙到统一地点，羊群之中怀胎的母羊速度慢，容易成为盗猎者的目标，他们没有想过，残害这些产羔的母羊，会给藏羚羊种群的延续造成毁灭性的打击。

1998年6月，阿尔金自然保护区管理处与中国香港探险学会联合组织了对藏羚羊产羔地，即自然保护区西部的首次考察。在队伍行进途中，还没到目的地时，眼前的一幕令所有的队员震惊伤心。公路两旁的地上横七竖八地扔着一堆堆藏羚羊尸体，皮毛被扒去，只剩下蹂和骨架在腐烂发臭，天上满是绕圈的秃鹫和乌鸦；有的母羊尸体旁还卧倒着小羊的尸体，那些羔羊是没有食物而被活活饿死的。队员清理了被猎杀的86具藏羚羊尸体，他们发现其中的1/3都是即将分娩的、怀孕的母羊，肚子里还有已经成形的羊仔。这是第一次在保护区内的产羔区发现偷猎行为，这种行为给藏羚羊族群的繁衍造成了极大危害。

动物小知识

藏羚羊不是大熊猫，它是一种优势动物。只要你看到它们成群结队在雪后初霁的地平线上涌出，精灵一般的身材，优美的飞翔一样的跑姿，你就会相信，它能够在这片土地上生存数千万年，是因为它就是属于这里的。它不是一种自身濒临灭绝、适应能力差的动物，只要你不去破坏它，它自己就能活得好好的。

1999年6月，保护区管理处再次与中国香港探险学会联合组织了对去年同一区域的考察，期间他们申请了武装巡护。所有队员在前往目的地的路上

都心情忐忑，他们祈祷着去年那悲惨的一幕不要再次上演，但他们还是晚来了一步，悲剧还是发生了，而且这次在他们眼前的情形更为惨痛。最初现的一处偷猎现场，7只已被剥皮的藏羚羊尸体被抛在路边，尸体堆的四周还散落着盗猎者丢弃的小口径子弹盒和弹壳，路上还能看到新鲜的车辙，考察队员们顺着线索一路追赶，不久就又来到了另一偷猎地，在这里，等待他们的是71具藏羚羊鲜血淋漓的尸体。

第二天，队员和警察在自然保护区抓捕了两名偷猎者，缴获了47张羊皮，还发现了其他没来得及剥皮的15具藏羚羊尸。

在不到300平方千米的藏羚羊产崽区内，两天里，队员们共发现了至少26处盗猎抛尸藏羚羊的地点，991具藏羚羊惨遭屠杀，经过解剖，发现其中29%，也就是1/3的藏羚羊是已经怀胎的母羊，这样估算下来，至少有1200多个无辜的生命就这样被偷猎者的猎枪所残害。考察队员们看到这样的场景，无一不心情沉重，为不法分子的行为感到耻辱，为无辜生命的逝去而难过，试问用藏羚羊的鲜血染红的披肩、毛毯真的是高贵美丽的吗?

藏羚羊的数目在最近十年以来，平均每年减少2万只，仅是阿尔金山保护区，野生藏羚羊的数量就从1989年的9.6~ 10.4万只锐减到1998年的0.67~1.38万只，藏羚羊的生存前景不容乐观、濒临灭绝。

保护藏羚羊，中国政府在行动！每年不断加强打击盗猎的力度，期间发生过许多感人的故事。电影《可可西里》就是以藏羚羊保护区中发生的真实事件为原型拍摄。1994年1月18日，可可西里太阳湖畔，青海省治多县委西部工委第一任书记索南达杰被多名偷猎者武装围攻，最后英勇牺牲。在他的事迹感召之下，保护区成立了一支令盗猎者闻风丧胆的武装反盗猎队伍，就是著名的野牦牛队，队员们每年数次深入可可西里无人区，打击抓捕可恶的盗猎者，成为中国保护藏羚羊的一面旗帜，有效地抑制了盗猎行为，维护了藏羚羊的生存。

1990年至今，据不完全统计，我国森林公安机关共查获盗猎藏羚羊的案件100多起，收缴违法屠杀的羊皮1.7万多张、羊绒1100余千克、子弹15万余发、枪支300余支、各式车辆153辆，抓获偷猎藏羚羊的不法分子3000余人，在打击盗猎的活动中还击毙拒捕的盗猎者3人。经过坚持不懈的反盗猎斗争，可可西里远离了枪声，保护区内呈现出安宁祥和的景象。

另一方面，从1998年起，国际爱护动物基金会开始关注藏羚羊的保护，他们不仅资助国内的反盗猎行动，而且在国际上大力宣传劝导消费者不要使用“沙图什”。在真相面前，以前被视为时尚的沙图什在人们的眼里开始变了颜色，在国际上流社会产生了抵制购买沙图什的运动，有力地打击了沙图什贸易，藏羚羊的命运也受到越来越多人们的关注。

近几年来，随着藏羚羊分布区反盗猎工作力度的加大，武装盗猎藏羚羊案明显减少。如今，在可可西里，虽然没有了枪声，然而藏羚羊及其生存环境却面临着更为严重的生态威胁。

藏羚羊等西藏特有的野生动物栖息地日益减小，生存受到极大威胁，这其中的原因一部分是人类的活动范围不断增大，放牧区域持续扩张，现在的自然保护区已不是以前的“无人区”。以可可西里保护区为例，周边的400多名牧民每年都会赶着自家的3万多头的牛、羊进入保护区的腹地之中，而且它们占据的大多是水美草肥的地方，藏羚羊的一些栖息场所和水源涵养区时有被侵占的现象。与此同时，牛、羊这些家畜在保护区与野生牦牛、野生藏羚羊可能会交配繁衍，这会一定程度上使得高原野生动物本身的物种发生变化。

近几年，自驾游的热潮也蔓延到了青藏高原地区。这些奔驰在可可西里自然保护区内青藏公路上的游客越野车成为杀害迁徙藏羚羊的“利器”，一些游客和货车司机缺乏动物保护意识，在经过藏羚羊迁徙区域时不减速慢行，藏羚羊在过公路时时常发生交通意外，成为车轮下的冤魂。而且保护区内非法淘金的行为不知从何时开始又有死灰复燃的趋势，这也给保护区内藏羚羊的生存造成很大的阻碍。

保护藏羚羊的意义和影响绝不亚于保护国宝大熊猫。任何一个物种都是地球的财富，更是我们人类的伙伴，当我们的后人需要了解藏羚羊时，千万别只剩下皮毛、标本和照片！

黑熊的哀嚎

熊在世界上是一种广泛分布的动物，用过去的一句话来说，它“浑身是宝”。熊掌可做成名贵的菜肴，熊胆可以入药，熊的皮毛有很好的经济价值等。因此，熊长期以来一直是捕杀的对象。但实行动物保护以后，世界不同地区的熊有着不同的命运。

2005年，美国狮门影业公司发行了一部震撼人的纪录片《灰熊人》，这部纪录片讲述了一个与灰熊为伍13年，最终死在灰熊掌下的野生动物保护主义者的故事。故事的主人公叫蒂莫西·崔德威尔，他对熊的生死恋歌，深深地

震撼着喜欢野生动物故事的人们。

崔德威尔自从第一次踏上阿拉斯基，就爱上了那一望无际的森林与荒原，和那里的灰熊。13年的时光，崔德威尔以自己的勇敢和机智，与灰熊交流，拍照和记录，在最后5年里，他用摄像机记录下了自己和灰熊的生活，让人们认识灰熊，爱护灰熊。崔德威尔留下的灰熊录像长达100多小时，影片制作者通过精巧的剪辑，合成了这部保持原生态的人与灰熊的纪录片。

不知什么原因，有一天一头灰熊闯入了崔德威尔的营地，攻击了他和他的女友，他们二人惨死在熊掌之下。在崔德威尔遇害前几个小时，他的录像中留下这样一句话："我已经努力尝试，我为它们流血，我为它们而活，我因它们而死，我爱它们！"

崔德威尔与熊的故事，是阿拉斯加熊类与人的一个既动人又惨烈的故事。在阿拉斯加这个靠近北极的冰雪世界里，终年上演着一幕幕凄美的动物故事，来自北美地区的动物学家、动物保护者和摄影师，多少年如一日，在这里追踪着定居的或迁徙的动物，探寻着它们生存的秘密。

在阿拉斯加，生活着美国98%的棕熊，约占北美地区棕熊总数的70%。据统计，阿拉斯加的棕熊数量约有3.5 ~ 4.5万只。而在20世纪初，仅美国就有将近10万只棕熊。这里还生活着科迪亚克棕熊，它们是与棕熊不同的另一个亚种。

卡特迈国家公园位于阿拉斯加半岛北部，在其1.6万多平方千米的土地上，生活着约2000只阿拉斯加棕熊，这里是棕熊的保护地。早在1917年，卡特迈地区就禁止猎杀棕熊。但在其他地区，每年春秋两季仍允许以棕熊为对象的狩猎活动，因为这是一项很有利润的产业。当然，猎杀母熊和幼熊是被禁止的，而且有关部门对猎熊活动进行着严格的控制。

每一个喜欢《动物世界》节目的人，都不会忘记在卡特迈国家公园的布鲁克斯瀑布棕熊捕食鲑鱼的过程。盛夏时节，正是太平洋里的鲑鱼洄游的季节，这些营养丰富的鱼类，在经历了海洋生活之后，沿着祖先走过的路，溯河洄游到棕熊的生活地区，成了棕熊每年一遇的大餐。对棕熊而言，这样一顿美味不仅仅是解决馋嘴问题，重要的是为冬眠储存了必要的能量。

棕熊是熊类家族中的老大哥，它体型硕大，肩高可达1.4米，当它们直立起来时身高可达2.7米。一只成年雄性棕熊的平均体重可达180 ～ 500千克，最大的甚至可达800千克，而大熊猫的平均体重只有90千克。棕熊的寿命大约为30年，在4 ～ 6岁时性成熟。它的毛长约6厘米，厚厚的皮毛是其应对寒冷的最好武装；其毛色变化很大，从深栗色到泛着金黄栗色都有。

如果你认为棕熊身体笨重、行动缓慢，那就大错特错了。强劲的肌肉使它奔跑时，能够达到66千米的时速。长达10厘米的爪子，无论是挖掘草根，还是捕获猎物，都能派上大用场。棕熊的嗅觉非常发达，能闻到1.5千米以外的气味，它的鼻腔中嗅觉黏膜的面积是人类的100多倍。敏锐的嗅觉，是棕熊个体间识别和发现敌人的重要保障。“对棕熊来说，每一天都生死攸关”，这是它们生存的法则。

阿拉斯加卡特迈国家公园中的棕熊，能够悠闲地生活着，得益于这里有近百年的保护历史。而保护区之外的地方，棕熊则会遭到季节性的猎杀，但这种猎杀是受到严格限制的。因此，棕熊在这里既受到有效的保护，又能够被合理的利用。

在白令海的对面的堪察加半岛，曾经生活着熊的另一个亚种——堪察加

棕熊，当人们想起要进行保护时，这种熊类已经灭绝。堪察加半岛属于俄罗斯，气候寒冷，一年的大部分时间里有冰雪覆盖，当地居民以狩猎为生。堪察加棕熊因为皮毛质地上乘，在欧洲市场很受青睐，而且体格壮大，出肉量高，因此成为当地猎人的首选猎物。到20世纪初时，人们发现已经很难再寻觅到棕熊，于是想到应该保护这种重要的资源动物，可为时已晚。1920年之后，没有人再发现过堪察加棕熊。在堪察加半岛，棕熊中的一个亚种就这样消失了。

中国境内的熊却是另一番遭遇，极其令人痛心甚至愤怒。

中国有3种熊类，分别是黑熊、棕熊和马来熊。根据20世纪90年代初期的调查，其中数量最多、分布最广的是黑熊，约有4.6万只，分布于中国的东北、西北、西南和华南的14个省区。棕熊约有1.4万只，分布于东北、西北和西南的9个省区。马来熊约380只，零星分布于云南西南和西藏东南的局部地区。

黑熊和棕熊在我国的分布情况，长期以来一直缺少科学的调查。到20世纪90年代初期进行调查时，发现黑熊在我国的分布已发生了显著的变化，原来连续成片的分布区，已被割裂为东北和西北两大块及东南的破碎区。近百年内，棕熊已从华北广大地区消失，并已在近几十年从东北的整个松嫩平原和三江平原大部绝迹。

在我国的传统认识中，熊是一种害兽，特别是黑熊，在一些山区，由于损害庄稼和果树而为山民所深恶痛绝。因此，熊一直是一种受到猎杀的动物。同时，熊胆作为一种中药，已被利用上千年。这样，一方面，因为熊类自身的破坏性和药用价值，被人们猎杀；另一方面，随着人口的剧增，森林的砍伐，适宜熊类栖息的环境逐渐丧失，在大多数地区，熊已经不存在了。

四川和甘肃的岷山山系是黑熊种群数量最多的地区，估计有1.56万只黑熊；四川和西藏的大雪山，估计有2万只黑熊，其中四川约占半数；云南、陕西和黑龙江的黑熊不多，估计每个省约为2500只。专家认为，中国的野生黑熊种群数量虽不丰富，但并未进入濒危状态，有的专家认为只是易危种。

动物小知识

野外的黑熊，如果没被人类以及其他天敌杀害，也没被逮去活熊取胆的话，最长寿命约有25年。圈养状况下最高记录则为33年。如果是在残忍无道的熊场，它们寿命则要短不少，而且生命每时每刻都在被痛苦折磨。

在东北地区，过去民间关于“黑瞎子”的故事很多，随着黑熊的减少，关于“黑瞎子”的民间记忆，也将逐渐淡漠。当一种野生动物从人们的视野和记忆中消失时，既是这种动物的悲哀，也是人类的一大损失。

随着我国野生动物保护事业的发展，黑熊和棕熊被列为国家二级重点保护野生动物。但熊作为一种资源动物，熊胆的价值一直对人们有很大的诱惑。养熊取胆，作为一种产业在许多地区成为人们发家致富的门路。

20世纪80年代，朝鲜发明了用活熊取胆的方式来获取胆汁，很快这种技术就传入中国。那时，《野生动物保护法》尚未实施，在中国境内很快就出现了大量的黑熊养殖场，饲养黑熊的总数超过一万头。

活熊取胆是极其残酷的，通常是给熊的体内植入一根直接向外输送胆汁的导管，伤口长期暴露，永不痊愈，经常感染。有的熊还被迫穿上金属“马甲”，以防它们疼痛难忍时将体内的导管拉出。这种植入手术既原始又不卫生，对熊是一种极大的伤害。被关在养熊场里的熊，经常发出无助的呻吟声。

这是一位动物保护组织成员在福建武夷山下的一个村庄里看到的惨状：一只黑熊被关在一个极其窄小的铁笼里，它的全部活动就是只能前进或者后退。它的腹部，被人埋进一根金属管子，管端接着细长的橡皮管，直通到笼下的一只玻璃瓶。瓶里有一些黄色的汁液，原来那是熊的胆汁。可怜那黑熊被如此地困在铁笼中，浑身黑毛乱蓬蓬，没有一点光泽，瘦成了狗样。也不知是愤怒还是伤心，见了我们就发出阵阵凄厉的吼声。主人面带喜色地告诉我们，这只熊给他带来了巨大的经济效益。它吃的是地瓜，生产的是黄金！据说这

样取胆汁可以活两三年，远比直接杀熊取胆要合算得多。

我国自1989年实施《野生动物保护法》后，在熊类圈养繁殖研究、胆汁引流技术、圈养设施和疾病防治等方面，得到了进一步的规范、发展。“拯救黑熊”行动将许多生活在恶劣条件下的黑熊救了出来，逐步形成了符合要求的养熊产业。国外的动物保护组织和有关专家，对中国的养熊业在熊的来源和养殖管理上仍有不同声音。

目前，我国仍有约7000多只黑熊承受活体取胆汁的痛苦。亚洲动物基金的人员表示，健康的黑熊胆汁呈明亮的黄色，但由中国大陆这些养熊场的黑熊所抽出的胆汁，则是黑色呈泥沙状，可能因为黑熊的伤口长期外露，使胆汁含有粪便、脓水等，却被制成治肝病的药物、痔疮膏等产品，很不卫生。

对于一种动物的利用，既要不影响其野生资源，又要使动物的生活不受虐待，必须有相应的法律法规来约束。一些专家认为，应该彻底终止养熊业，有多种中药可以代替熊胆，而且比较方便，例如黄连、银花等，应该杜绝养熊业，以保障消费者及黑熊的健康。

蝴蝶的贩卖与开发

蝴蝶是昆虫世界的佼佼者。它美丽的身姿，飞舞在万花丛中，为春光增色，使大自然显得生机勃勃。

“化蝶”，在中国有一个美丽动人的民间传说，梁山伯与祝英台的故事，永远与蝴蝶相联结，它承载着人们对爱情的追求，对美好生活的向往。

从一条令人惧怕的毛毛虫，蜕变为一只五彩缤纷的蝴蝶，是大自然的神奇，是生命的奇迹。

蝴蝶与蛾看起来有些相似，彼此之间亲缘关系也不远，都属于鳞翅目昆虫，但如果仔细分辨，相互之间的差别并不难看出。

从生活习性来看，蝴蝶白天活动，蛾一般是夜间飞舞；蝴蝶色泽艳丽，翅上的图案醒目而清晰，光泽耀眼，蛾则多数没有鲜艳的色彩；二者最容易区别的是，在静息时蝴蝶的双翅直立与背垂直，而蛾的双翅则是平面展开或下垂。

蝗虫集群迁移带来的是灾难，而蝴蝶如果集体行动，不仅是创造美景而且也创造奇迹。

在我国云南的大理，在苍山洱海之间，有著名的蝴蝶泉，每年春天，当百花开放的季节，成千上万只蝴蝶飞到泉边，举行一年一度的“集会”。不过这都已成为历史，最近若干年，已是只有泉水，蝴蝶却无影无踪。中国台湾盛产蝴蝶，高雄附近的蝴蝶谷和屏东县的蝴蝶谷都是著名的旅游胜地，闻名世界。

在美洲大陆，帝王蝶创造了蝴蝶迁飞的奇迹。帝王蝶又称黑脉金斑蝶，它的双翅展开可达8.9 ~ 10.2厘米，是一种大型蝶类。它们生活在加拿大和

美国北部，而越冬却在美国南部和墨西哥，每年都要迁飞大约3000千米的距离。至今，科学家们仍在探索黑脉金斑蝶的迁徙之谜。它们为什么要选择在遥远的墨西哥越冬？这些脆弱美丽的小生命，依靠什么神奇的力量，来完成年复一年艰难的生命之旅？每年的迁飞并不是一代蝴蝶能够完成的，而是几代蝴蝶生命的接力棒，新一代黑脉金斑蝶是如何靠着遗传信息的作用，朝着父辈迁飞的方向前进，准确辨识那遥远的路程呢？许多问题在等着解答。

黑脉金斑蝶的食物是一种叫做马利筋的有毒植物，这种植物广泛分布于北至加拿大、南至墨西哥的广大地区。在漫长的进化过程中，马利筋逐渐适应北方寒冷的气候，向北美地区发展，黑脉金斑蝶也随之向北迁移。但是，北美寒冷的冬季让黑脉金斑蝶无法忍受，于是进化形成了长途跋涉飞向南方过冬的能力。到了秋季，当北方的马利筋枯黄时，大批的黑脉金斑蝶南下，回到遥远的墨西哥；当春季回归时，马利筋逐渐复苏，它们又重返北方。

黑脉金斑蝶完成这样一次迁飞，需要3 ~ 4代的努力。这是世界上独一无二的生命接力，这是生命奇迹中的奇迹。

几千万只黑脉金斑蝶从遥远的加拿大，飞到墨西哥中部的米却肯州，在当地的冷杉林中越冬。研究者曾注意到，一段时期中，由于冬季寒冷，越冬黑脉金斑蝶的数量减少得厉害。科学家用这种蝴蝶栖息占据的树林面积，计算它们的数量。在一个保护区中，曾经减少到仅仅占据了2.2公顷的树林，是最近14年来最低的。而在蝴蝶数量最多的1996 ~ 1997年，它们曾占据了18公顷的林地。

黑脉金斑蝶的减少，引起人们的极大关注。在墨西哥的越冬地，除了天气寒冷的原因以外，非法砍伐树木，是导致蝴蝶数量大幅下降的一个重要原因。政府已投巨资用于蝴蝶保护，首先是从保护蝴蝶栖息的树木开始。

全世界已知的蝴蝶约有1.78万种，我国已知的约有1200多种。我国的蝴蝶资源丰富，从西部高原到东部沿海，从海南雨林到北疆草原，到处都可看到彩蝶纷飞。

在我国众多的蝴蝶种类中，有几种是世界驰名的珍稀种类。金斑喙凤蝶，被视为世界上最珍贵的蝶类之一；二尾褐凤蝶被推崇为“梦幻中的蝴蝶”；多种绢蝶吸引着国外的蝴蝶爱好者；中华虎凤蝶在欧美被视为珍品。

动物小知识

“邮差蝴蝶”是分布在中美洲到巴西南部地带的蝴蝶。翅膀上的亮红色是对潜在的敌人发出警告——“我”是有毒的，吃了“我”只会让你痛不欲生。这个信号的传递，称为“警戒作用”。有一些无毒的蝴蝶也伪装成有毒蝴蝶的样子，让捕食者敬而远之。

由于蝴蝶的非法贸易，诱导了少数人的非法捕捉，加上蝴蝶栖息地的破坏，致使不少稀有的蝴蝶种类已经灭绝或濒临灭绝。为了保护珍稀濒危蝶类，1985年，国际自然与自然保护联盟制定了《世界濒危凤蝶》红皮书，1990年，我国根据《濒危野生动植物种国际贸易公约》的规定，列出了受威胁的蝴蝶种类。在此之前，已有5种蝴蝶列入《国家重点保护野生动物名录》。

随着蝴蝶商品开发兴起，那些珍贵稀有的蝶种，特别是受到国家和国际保护的珍稀蝶种的命运就更加悲惨。前几年，曾发生过有名的“中华第一蝶案”，有6只金斑喙凤蝶险些走私出境。2003年，公安机关在兰州曾破获一起金斑喙凤蝶案，一只蝴蝶的交易价竟达到12万元！ 2008年，北京警方在一个经营蝴蝶标本的小店中，从400多只蝴蝶标本中，查获2只金斑喙凤蝶（国家一级保护）、88只双尾褐凤蝶（国家二级保护）、160只三尾褐凤蝶（国家二级保护）。在郑州，海关工作人员发现，有人分别向美国、加拿大、英国等国家通过寄航空信的形式走私蝴蝶。查获信封内装有26枚蝴蝶标本，经鉴定，这些标本中，有金裳凤蝶2枚、喙凤蝶24枚，均属国家二级重点保护野生动物及《濒危野生动植物种国际贸易公约》附录Ⅱ物种，总价值可达3.4万多元。

有一种错误的认识，认为反正蝴蝶是农林害虫，它的生命也很短，不捕捉它也会很快死亡。事实上，任何一种野生动物首先要延续种群，对于短命的蝴蝶，尤其珍稀种类，种群数量少，繁殖能力弱，稍加人为的干扰，它就难以传宗接代。人为捕杀，造成其在没有交配前就死去，对于种群的繁衍是致命的。

南京中山植物园在20世纪80年代曾有丰富的蝶类，特别是南京地区的凤

蝶和蛱蝶在那里几乎都能找到。可是有一年，植物园开发蝴蝶工艺品，仅雇用一人捕捉园中蝴蝶，经当年的两个季度捕捉，园内的凤蝶便不见了。自那以后，该园内即使是最普通的桔凤蝶和斐豹蛱蝶也变得稀有了。

由于蝴蝶在世界的一些地方数量很大，不仅成为观光旅游的一种重要资源，而且加工蝴蝶成为工艺品，直接进行蝴蝶贸易，是一个收入可观的产业。世界蝴蝶的贸易额是巨大的，每年可达1亿美元。以中国台湾为例，每年约有5亿只蝴蝶被制成工艺品，贸易额高达数千万美元。

印度尼西亚的雨蝶，在国际市场上备受青睐。农民们只要养出漂亮的蝴蝶，出口商们就会登门收购，销路很旺、利润丰厚。在我国海南，五指山蝴蝶生态牧场初步建成。通过人工种植适于蝴蝶生活的寄主植物、蜜源植物和观赏性植物，培育凤蝶上万只，形成了蝴蝶观赏场所。在海口和三亚都建有蝴蝶谷，以招揽游人。

这种对蝴蝶所谓的“开发利用”仍令人不安。以获利为目的的人工饲养往往是对野生资源的掠夺，人工饲养将在短期之内击碎昆虫和植物之间脆弱的平衡。那么，保护珍稀蝶类或通常说的保护野生生物的目的何在？我们最终要达到的理想目的是什么？是为保护已经受到威胁的物种呢，还是为了利用现代技术大量复制稀有物种以供人类消费？人们总是不厌其烦地将商品价值提出来，似乎若不能赚钱则一切关于保护的讨论便索然无味。如果以大规模饲养为目的，势必使之最终沦为人类的玩物，成为攫取经济利益的商品，这就完全违背生态伦理学和生物多样性伦理学的原则了。

如果我们尊重自然，敬畏自然，了解生物多样性的意义和价值，便不会找不到保护的目的和方向。保护蝴蝶，最终目的应该是使蝴蝶特别是使珍稀蝴蝶作为一种和人类具有同等生命价值和生存权利的物种，能自由地在它尚存的天然栖息地生存下去。它作为人类的朋友和邻居而存在，它的美学价值在自由生存状态下才得以充分体现。它与人类有共同利益，理应受到人类的关怀和爱护。

鳄鱼的困境

提起鳄鱼，自然会想到恐龙。

地球在6500万年前的中生代时期，曾经是恐龙的世界。庞大的恐龙家族，统治地球的时间长达1.7亿年。目前已知的恐龙大约有1047种。种类繁多的恐龙，体型差异巨大，有的种类体长可达30米以上，高十几米，体重达二三十吨，今天的生物能够与之媲美的只有海洋中的蓝鲸；有的恐龙身体只有几十厘米，体重最轻的只有百余克。多数恐龙是草食性的，也有肉食性的。有些恐龙以双足行走，有些用四足行走。恐龙的多样性，是生物进化的一个杰作。

大约在6500万年前，地球遭遇小行星的撞击，导致了恐龙家族的毁灭。留下来的后裔，只有今天的鸟类和鳄鱼。

全世界的鳄鱼共有23种，除少数生活在温带地区外，大多生活在热带、亚热带地区的河流、湖泊和沼泽地，也有的生活在靠近海岸的浅滩中。

鳄鱼中的大多数种类，属于濒危物种。例如，印度食鱼鳄，分布于印度、不丹、尼泊尔、缅甸、巴基斯坦等国，几近绝灭，现在只有200只。因此，在世界自然与自然资源保护联盟的《濒危物种红皮书》中上升为“重度濒危”级物种。

泰国鳄，主要分布于泰国、柬埔寨、越南、老挝，被列入《濒危野生动植物种国际贸易公约》附录I和《濒危物种红皮书》极危种。在泰国，一度曾认为已灭绝；在柬埔寨，只有在远离城镇、人迹罕至的沼泽地，尚有少量分布；在越南，泰国鳄曾广泛分布于许多河、湖和沼泽地，但由于大量开垦农业用地、爆炸坑道、矿山开发等，种群已大为缩减，前几年估计在野外仅存约

100条；泰国鳄在老挝的数量也很少。

性情凶暴的尼罗鳄，在不同国家由于种群数量大小不同，有的被列为濒危，有的列为易危。密西西比鳄的数量由于保护恰当，同时有大量人工养殖，总数达100万只，不再属于受威胁物种。

扬子鳄是我国的珍稀爬行动物之一，由于野外数量极少，被认为是世界23种鳄类中最濒危的物种之一。扬子鳄曾广泛分布于长江中下游及其支流，从上海到湖北省的江陵县，沿长江两侧的广大湖泽河网地区，甚至在湖北省南部、湖南省北部、两省交界的广大河网都有分布。现在仅分布于皖南山系以北，海拔在200米以下丘陵地带的各种水体里，即分布于安徽省的宣城、南陵、泾县、郎溪、广德等县。

扬子鳄对生活地区气候条件的适应，表现在活动期与冬眠期，大体上就是夏季和冬季，其产卵孵化期与高温、高湿季节相吻合。在栖息的水体内，建有复杂的洞穴系统。水体周围的茂密植被，能为它提供足够的筑巢材料和隐蔽处。

1983年，调查野生扬子鳄种群数量约为500条。由于得到保护，1992年统计约有野生种群900条。

动物小知识

在人们的心目中，鳄鱼就是“恶鱼”。一提到鳄鱼，立刻会想到血盆大口，密布的尖利牙齿，全身坚硬的盔甲，时刻准备吃人的神态。它的视觉、听觉都很敏锐，外貌笨拙其实动作十分灵活。鳄鱼长这副模样就是为了吃肉，所有的动物包括人都是它的食物，再凶猛的动物见了它也只能以守为攻、主动避让，绝不敢轻易招惹它。

造成扬子鳄种群减少的因素，一是栖息地环境的破坏。扬子鳄喜欢栖息于沟、塘、水库等各种水环境中，这样的环境既适合于扬子鳄在水里活动、觅食、建造洞穴和交配，又适于它营巢繁殖后代。但是，由于人口剧增，人们不断地开垦荒地、兴修水利、割草伐木，严重破坏了鳄鱼的洞穴和产卵场所，以至整个栖息地。二是乱捕滥猎。由于扬子鳄捕食饲养的鱼和小鸭、小鳄爬行时会压坏秧苗，营造洞穴时破坏圩堤等，而被人们杀害。它的肉可食、皮可制革，还可药用，也成为被杀的原因。三是大量农药、化肥的使用，使蛙、鱼等扬子鳄的食物减少，影响种群增长，也导致其繁殖力和生存能力降低。

历史上，剧烈的气候变化是扬子鳄走向衰败的一个重要原因。例如，在公元1111年时，即北宋末期，徽宗和钦宗两位皇帝被金兵俘虏，带往北方之前不久，南方的气候异常，太湖结冰，都可通行车马，这对于喜暖怕冷的扬子鳄来说是致命的。扬子鳄的性成熟要求一定的温度，卵的孵化要求30℃左右，低于28℃就难以孵化。所以，扬子鳄在漫长的寒冷时期，最终退缩到了我国的江南地区。

1980年，我国将扬子鳄列为国家一类保护动物。1982年，在扬子鳄集中分布的安徽省建立了扬子鳄自然保护区，并建立了扬子鳄繁殖研究中心。科研人员奋力攻关，解决了扬子鳄饲养和人工繁殖的一系列难题，为扬子鳄的保护和开发利用奠定了基础。

我国的扬子鳄人工饲养和繁殖取得了成功。由于已有近万只的数量，在1992年东京召开的《濒危野生动植物种国际贸易公约》缔约国大会上，已允许我国进行商业性出口扬子鳄及其制品，标志着我国对扬子鳄的研究保护取得了巨大进步。扬子鳄可以作为资源动物，开始商业性开发利用和贸易。

尽管对鳄鱼贸易有严格的规定，但近几年来，鳄鱼肉的药用、保健功能被商家不断放大，在我国南方的一些地区，鳄鱼的消费数量猛增。广东是鳄鱼消费的主要地区，据保守的估计，每年至少有10万条鳄鱼被人们吃掉。

这是一个惊人的数字！如此多的鳄鱼从哪里来？

鳄鱼作为受国际保护的濒危野生动物，它的进出口贸易、养殖和经营受到严格控制。按照国家的有关规定，鳄鱼养殖基地从国外引进的种鳄不能直接加以商业利用，必须成功繁育出后代后，才能对其子二代鳄鱼进行商业经营。

据2009年年初的一次调查，广东市场上销售的鳄鱼除一部分是国内养殖的，有70%以上是走私来的。走私的鳄鱼主要是尼罗鳄和泰国鳄，这些鳄鱼在越南养殖后，通过中越边境走私运往广西，再由广西运至广东上市销售。

医学专家和营养专家表示，鳄鱼肉虽然可以食用，但并不像商家宣传的那样对咳嗽、哮喘有奇效，而且不提倡食用。

国家有关部门的检查显示，走私鳄鱼往往带有大量的寄生虫。人一旦食用，后果十分严重。特别是市场上一些散卖的鳄鱼肉，多是病死的鳄鱼，对人体的危害更为严重。

在巨大的商业利益面前，鳄鱼的开发利用仍对其保护构成威胁。同时，人们对吃鳄鱼的所谓药用及进补功效不加辨识，盲目追捧，也给自身带来极大的健康隐患。

儒艮的哭泣

儒艮，俗称美人鱼，与亚洲象有共同的祖先，于2500多万年前进入海洋生活。分布于印度—西太平洋海域，目前世界上仅存5个种群，约1000～2000头，在中国属于国家一级重点保护动物。有专家估计，儒艮可能在25年后灭绝。儒艮白天在水深30～40米的浅海区活动，有时，晚间或黎明也到河口区来觅食，但不能在淡水中栖息生活。儒艮多在距海岸20米左右的海草丛中出没，以2～3头的家族群活动，定期浮出水面呼吸。儒艮每天要消耗45千克以上的海草，摄食动作酷似牛，一面咀嚼，一面不停地摆动着头部，所以又称为“海牛”。

体重达500千克以上的成年儒艮，寿命最长可达70岁。它行动迟缓，从不远离海岸。它的游泳速度不快，一般每小时2海里左右，即便是在逃跑时，也不会超过每小时5海里。

儒艮与海马和海龟等一样，都把海草床作为栖身之处，当然，海草床还为其他各种海洋生物提供了温床，包括小型底栖生物、附生于海草上的动物、微生物、寄生生物以及鱼类，尤其重要的是，海草床为许多经济动物，如对虾的幼体提供了安全、隐蔽，并且营养丰富的栖息场所。一些动物实际上常年生活于海草，附着于或结壳于叶子上，还有一些生物则生活在轻柔的海草床上。海草床是各种草食性动物的食物来源，使水下沉积物保持稳定，而且通过死后植物的分解，也为海洋生态系统增添了重要的营养物质。在珊瑚礁环境中，龙虾、海胆以及鱼类在晚上可能会离开珊瑚礁的保护而在附近的海草床中寻找食物。曾有人观察到大群黑色的、长满刺的海胆在夜晚从珊瑚礁

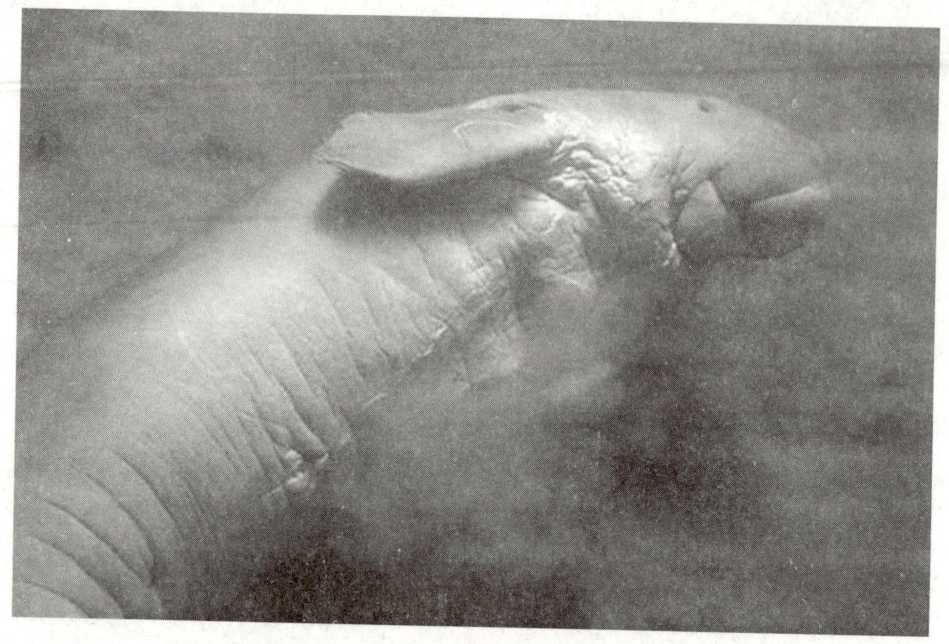

出发向着海草床行进寻找食物，直到白天来临时才返回的现象。

在广西壮族自治区的北部湾合浦海域，原来海草茂盛，但由于当地有挖沙虫的习惯，把几千亩的海草床挖成了“瘌痢头”。底拖网作业也对海草床造成严重损害。小马力的渔船在10米以内水深的浅海区进行拖网作业，把大量海草连根拔起，极大地破坏了海草床以及当地的生态环境。海草床的丧失直接危害到像儒艮等珍稀动物的生存。

历史上，儒艮主要分布在中国的广西、海南、广东和台湾海域，尤以北部湾海域数量为最多。广西合浦县沙田镇及周边海域共有9处海草床，面积500多公顷。在水温、水质、盐度适中，海底沟槽发育良好，海底草场茂盛的海域，最适宜儒艮的生存与繁殖。1958年以前，我们能看到成群结队的儒艮在浅海中翻腾嬉戏，特别是天气变化时，不仅在水面扑腾，甚至游到离岸边3 ~ 5米远的地方。而在1958~1962年，4年间沙田海域共有250多头儒艮遭到捕杀。渔民们用小艇载着渔网到儒艮出没的海域，看见成群结队的儒艮就下网捕捉，有时一网就捕捉到十几头。

儒艮是一种羞怯、胆小的海洋动物，稍有异常响动便逃之夭夭。20世纪

80年代以来，由于沙田海域的各类机动渔船日益增多，最多时可达500多艘。渔船行驶时的隆隆机器声，使得儒艮不敢游到浅海的海草床中来觅食。

除此之外，我们人类发展的海水养殖业对儒艮也有影响。近几年来沙田海域发展了许多个体贝类养殖场，不仅占据儒艮的生存空间，损害海草床，更有甚者，为了防止人们偷盗贝类，有些人除了在海中设立“瞭望塔”外，还在海中插下无数根长4～5米、碗口粗的木桩，宛如“海上森林”。潮涨潮落时，这些木桩会在海水中发光，还会发出响声，儒艮游近时就会觉得如临大敌，哪里还敢游近浅海觅食呢？更令儒艮致命的是，当地渔民使用电鱼工具捕鱼，海域内时不时冒出电火花。高压电流所到之处，大小鱼虾无一幸免。尽管至今尚无儒艮被电、炸、毒死的报道，但儒艮的惊吓程度是不难想象的。

儒艮，由于人类对其栖息地海草床的破坏，已经濒临灭绝。20世纪80年代以来，原本属于儒艮主要出没地的广西合浦海域，已经难觅儒艮的踪迹。1992年10月，国家确定广西合浦沙田及周边的350平方千米海域为国家级儒艮生态自然保护区。

鹦鹉螺与砗磲的悲叹

一、鹦鹉螺的悲叹

对大多数人来说，对鹦鹉螺的了解和认识，可能更多的是在鹦鹉螺色彩艳丽、纹路多姿、珍珠层厚的贝壳上，其他就所知不多。其实，鹦鹉螺和章鱼、乌贼是近亲，大约在5亿年前，鹦鹉螺就已经在海洋里生活了，其家族曾兴旺一时，但是，由于种种因素，鹦鹉螺已风光不再，正在逐渐走向末日。

在生物学上，鹦鹉螺是头足纲软体动物中唯一具有真正外壳的螺，而且

是最早有记录出现的头足类，因此与中华鲟、鲎以及矛尾鱼一样，有“活化石”之称。鹦鹉螺平时群居生活在50～60米水深的海洋中，白天躲在珊瑚礁浅海的岩缝中，晚上出来觅食，主要的食物是虾、螃蟹及小鱼。它有一对发达的大眼睛和约90只的触手。和章鱼或乌贼不同的是，鹦鹉螺的触手没有吸盘，但具有黏性，主要功用是捕捉食物。触手的另一项特殊功能是帮助“睡觉”。鹦鹉螺休息或睡觉时，会用黏性触手拉住岩石，以免被海流卷走。鹦鹉螺的外壳有许多空腔，称为气室，气室之间有一条膜质管子相通，贯通整个螺壳。鹦鹉螺的肉体只住在最外面，最大的一个腔室，称为“住室”。其他的腔室是用来充水或充气的。鹦鹉螺在逐渐长大的过程中，会向外再生长出一个更大的腔室，而把旧腔室封住成为气室。气室的功用是充水或充气，即下沉时充水，沉得越深，充水越多；上升时充气。

鹦鹉螺主要分布在中国的南海和菲律宾到澳洲一带的热带海域，据说发明潜水艇的灵感就是从鹦鹉螺而来的，而第一艘潜水艇的名字也就叫“鹦鹉螺号”。

二、砗磲的悲叹

砗磲也叫车渠，是分布于印度洋和西太平洋的一类大型海产双壳类。砗磲一名始于东汉，以其纹理像车轮的形状得名。砗磲、珊瑚、珍珠和琥珀并列为西方四大有机宝石。砗磲的纯白度为世界之最。《大般若经》把砗磲与金、银、琉璃、玛瑙、琥珀和珊瑚并列称为佛教七宝。

砗磲的贝壳大而厚，壳面很粗糙，具有隆起的放射肋纹和肋间沟，有的种类肋上长有粗大的鳞片。

在西沙群岛，人们见到的一只最大的砗磲贝壳长达1.5米，海南省人民政府把它作为礼物赠送给了中国香港特别行政区政府。这么大的砗磲，两个贝壳张开宽1米多，贝肉70多千克，整个贝壳重达225千克。20世纪初，在菲律宾海岸发现一枚长1米，重131.5千克的巨型砗磲，现陈列在美国自然历史博物馆内，据说是外国人发现的最大的一个砗磲，与西沙群岛发现的砗磲比，可说是相形见绌了。其实，砗磲的壳最长可达2米多，重量在250千克以上，简直是个天然的浴盆。砗磲还是海洋世界上的老寿星，寿命可达百岁，据估测，一般壳长1米的个体就已生长百年了，因此，砗磲不仅是个体最大的贝类动物，也是贝类中的老寿星。

砗磲和其他双壳贝类一样，也是靠通过流经体内的海水把食物带进壳来的。但砗磲不仅靠这种方式摄食，它们还有在自己的组织里种植食物的本领。它们同一种单细胞藻类——虫黄藻共生，并以这种藻类作为补充食物，特殊情况下，虫黄藻也可以成为砗磲的主要食物。砗磲和虫黄藻有共生关系，这种关系对彼此都有利。虫黄藻可以借砗磲外套膜提供的方便条件，如空间、光线和代谢产物中的磷、氮和二氧化碳，进行繁殖；砗磲则可以利用虫黄藻作食物。这种自力更生制造的食物，在动物界绝无仅有，科学家将此称为“耕植”，砗磲之所以长得如此巨大，估计就是因为它可以从两方面获得食物的缘故。另外，砗磲的肉体斑驳陆离，绚丽多彩，这种漂亮也与虫黄藻有关。

砗磲浑身都是宝，肉可制成佳肴；壳可做盛器，甚至给小孩当浴盆，或雕琢成工艺品；内壳的珍珠层，还能生成天然的珍珠。

现在世界上报道的砗磲只有6种，其中库氏砗磲为中国二级保护动物，生活在热带海域的珊瑚礁环境中。中国的台湾、海南、西沙群岛及其他南海岛屿也有分布。

三、鹦鹉螺和砗磲的启示

如果说珍稀和美丽是鹦鹉螺和砗磲招致杀身之祸的原因之一，那么美味则是其招致杀身之祸的另一因素。据报道，在海南三亚市的海鲜餐馆普遍出售砗磲，有蒜泥蒸、有清蒸，平均每千克价格约120元。而且煽情地美其名曰“西沙美女鲍”，有清肝明目之效，男性吃了壮阳，女性吃了美容。餐馆以每千克8元的价格从渔民那里收购，再以每千克100 ~ 140元的价格出售，吃剩后的壳再制成工艺品出售，又可以赚上一笔。有这么大的利润，怎么会没有人起早贪黑、铤而走险呢？2004年，三亚市工商局从一家渔村饭店一次查获库氏砗磲4只，库氏砗磲壳13只，其他砗磲壳11只。

砗磲一般纹丝不动地趴在海底，一旦有外来骚扰，它便利用两瓣贝壳施展难以想象的威力。在贝壳闭合时，如果把一条铁棍插进砗磲的贝壳内，铁棍会被轧弯。因此，手指、手臂如果被砗磲的贝壳“咬”住，断手折臂在所难免。据说，有一条船在靠岸落下船锚时，锚索落入张开的两瓣贝壳之间，砗磲竟然毫不客气地轧断了锚索。可以想象，砗磲的闭壳肌有多强壮了！像砗磲这样的海底“巨无霸”，其他动物只能“惹不起，躲得起”。砗磲唯一的敌人是贪婪的人类，因为人类有欲望、有计谋、更有手段。

鲎的呻吟

鲎在地球上出现的时期可以追溯到3.5亿年前的石炭纪，是与恐龙同时代的海洋动物，恐龙灭绝了，鲎却存活了下来。但是，鲎在长期的进化过程中，变化不大，因此被称为活化石。中国鲎最早出现在第四纪，距今100多万年。

鲎是一种古老的无脊椎动物。它的头和胸相连，头部的正中是嘴。在嘴的周围有6对爪，行动起来很像蜘蛛，所以人们又叫它鲎蛛。它全身披着硬甲，还有一条长满针刺的坚硬长尾巴，是防身的武器。

鲎还有一个奇特的现象，那就是除了在它的头部两侧各有一对复眼外，在头部正中还有一对单眼。人们给它冠以一对单眼，是因为它的两只眼睛完全连在了一起，只是在正中以一条细细的黑线相隔。这合二而一的眼睛是鲎行动的指示器，又是近代仿生学者急于模拟之物。因为它像一具最灵敏的电磁波接收器，能接收深海中最微弱的光线，鲎就是靠着它，生活在深邃的海底，行动自如，从不迷失方向。

世界上现存有美洲鲎、中国鲎、马来鲎和圆尾鲎共4种。成年雌鲎个体大过雄鲎。雌鲎体重一般在4千克左右，头胸甲长约40厘米。雄鲎重约2千克，头胸甲长约30厘米。

中国鲎在夏季繁殖产卵，产卵盛期一般在6 ~ 8月。产卵场所通常选择在接近高潮区退潮时阳光照得到的沙滩上。一般情况下，大潮加上4 ~ 5级西南风时，岸上的鲎特别多。雌鲎在静止的水里不排卵。雌鲎把卵块产在事先挖好的穴里，雄鲎再把精子排到卵上，一个产卵过程就结束了。一对鲎随潮水涨落上岸，一趟可以连续产几窝卵，每窝卵平均300 ~ 500粒。亲鲎离开后，

卵被涌进窝里的沙子盖住。从卵子受精到幼鲎孵化约需50 ~ 60天时间。入秋，鲎群又开始从浅海游回深海过冬。幼鲎则在卵窝里过冬，到第二年夏季才爬上滩面，随潮水转移到附近食物比较丰富的泥质滩涂上生长。

鲎营底栖、穴居生活。无论成鲎还是幼鲎，大部分时间都喜欢把身体潜埋在泥沙里。春季水温回升到18℃时，再游回浅海泥滩上寻找食物。成鲎对水温很敏感，最适范围在20℃ ~28℃之间。水温低于10℃不利于鲎存活，水温降到0℃时，成鲎开始停止进食。成鲎很耐饥，连续几个月不吃东西也不会饿死。

鲎最神奇的地方是它的血液。它的血液中含有一种多功能的变形细胞，能输送氧气以维持生命。有趣的是，在运动中，细胞经常改变着形状，有时方，有时圆，有时又多角。但它却是一种低级的原始细胞，血液中缺少高级生物血液作为生命卫士的白血球。所以，一旦细菌侵入鲎，它就只有坐以待毙，别无出路。但是它却能经历4亿年沧桑，是什么使它免遭灭绝而成为活化石？这还是个谜。

鲎的血液是蓝色的，这是因为在它的血液里含有铜元素，而多数高级动物中的血液含有铁元素。铁遇氧变红，铜遇氧变蓝，这是化学反应的结果。

1968年，美国科学家试验成功用鲎的血细胞冻干品（鲎试剂）检测细菌内毒素的方法。随后这种方法被迅速推向临床，用于快速诊断内毒素血症、细菌性脑膜炎、细菌尿等急难病症，挽救垂危患者的性命。与传统的细菌检测办法比较，鲎试剂法不但敏感、快速、可靠，而且成本低。1972年，美国科学家库拍又通过实验证明，鲎试剂可以用于放射性药品和注射品的热源检查，解决了药品检测中的一大难题。

模样古怪而丑陋的鲎，对自己的伴侣却十分忠贞，成年的鲎总是成双成对地活动，从不分开。一旦雌雄鲎结为伴侣，就像鹦鹉一样，朝夕形影不离，雄鲎总是趴在雌鲎的背上；而雌鲎总是背负着雄鲎四处活动。因此，每次捕捉鲎的时候十有八九捉到的是一对。在厦门，如果有人只抓到一只鲎，便认为不吉利，马上把它放生。

中国鲎主要分布在福建、浙江、广东、广西壮族自治区、海南沿海海域，少数分布在日本九州以南、爪哇岛以北海域。福建省平潭海域鲎产量曾经居全国第一，1949年以前，平潭海域常常是鲎多为患。每年入夏，渔村的房前屋后、田边地头到处是鲎，当地因此有“六月鲎，爬上灶”的说法。20世纪50年代以后，平潭鲎资源量明显减少。即便如此，当时在敖东、马腿等主要产鲎地区，每逢大潮，一个晚上还可以从几百米的滩涂上捕获1000多对成鲎。但是，由于各种原因，近年来，平潭的中国鲎产量逐年下降。20世纪70年代，平潭鲎产量比50年代末减少大约80%～90%。到90年代末，平潭鲎已形不成渔业。根据平潭县海洋与渔业局统计的数据，平潭县鲎产量为：1984年是1.5万对，1998年则仅3700对左右，至2002年则比1998年又减少3/4。

由于鲎的美味和药用价值给它带来了厄运，更由于成年鲎总是成对活动的习性和贪婪的人类，使它遭到了灭顶之灾。长此以往，中国鲎的灭绝已经为期不远了。

海龟的悲叹

海龟是一种常年生活在海洋中的爬行动物，它们主要以鱼、虾、海藻为食。海龟广泛分布于热带、亚热带海域，在中国南海的南沙群岛和西沙群岛是海龟繁殖的主要场所，每年的4~12月份都有海龟在此产卵，但繁殖盛期是4 ~ 7月份。每到繁殖季节，海龟就成群结队地爬上海滩产卵。

说起海龟的繁殖，还有一个非常有趣的现象，平时海龟总是生活在饵料丰富的海域，可一旦性腺成熟，到了繁殖季节，雌海龟就必定会不远万里，长途跋涉，洄游成百上千千米，返回故里的沙滩上产卵育儿，雄性海龟则一入大海，就再也不上岸了。

海龟一般在半夜时分从海水中爬上沙滩，为了赶在天亮前返回大海，刚爬上岸的雌海龟往往顾不上休息，气喘吁吁地连忙爬向稍高的沙滩或灌木丛中，寻找产卵的合适地段产卵。它们找到合适的场地后，首先在沙滩上用前肢挖一个宽大的坑，自己伏在里面再用两只后肢扒出一个产卵坑，产下一个个比乒乓球略大的洁白的卵，卵壳坚韧富有弹性，不易破碎。海龟不像别的动物，在一个地方把卵产完，而是要换几个地方分批产卵。每次产完卵，它就要用后肢把沙子拨在卵堆上，然后再把卵堆上的土轻轻压一压。为了避免卵堆被天敌发现，它又在附近用前肢制造一个假卵堆，再在真伪难辨的假卵堆上面压一压。伪装一番后，海龟便不再管自己的后代，拖着疲惫的身体慢慢地、头也不回地返回大海之中。雌海龟只产卵不孵卵，埋在沙堆里的卵必须借助太阳光照射下沙子的温度自然孵化。大约经过40 ~ 70天的自然孵化期，小海龟才破壳而出。小海龟一出世便急急忙忙地爬向大海，在大海中长大。长大的海龟又会循着一定的路线千里迢迢返回陆地故里来产卵繁殖。

对于雌海龟能准确无误地返回故里的本领，科学家们众说纷纭，有的科学家认为，海龟是利用星星、太阳和月亮作路标，从它们的相对位置来确定自己的航线的；有的科学家认为，海龟大脑的下丘部起着生物节律的作用，具有生物钟的功能；还有的科学家认为，海龟是凭着嗅觉器官，依靠嗅觉找回自己的故里，也就是说，海龟从小尝到原出生地海水的味道，从而在记忆中留下痕迹，是这种痕迹诱导着海龟返回的。

海龟最早出现在距今大约2亿年前的三叠纪中，中生代为繁盛期，与恐龙是同时代的地球生物，它们一起度过了繁荣昌盛的时期。历经大地的沧桑，恐龙相继灭绝，成了考古的化石，海龟尽管也开始衰落，但是，它没有像恐龙那样在地球上消失，而是顽强地生活在海洋世界里。现存的海龟与祖先已不完全一样，牙齿逐步消失，代之以角质硬化的嘴咬嚼食物。它们与现存的陆生龟和淡水龟类也有不同之处，虽说海龟仍是一种用肺呼吸的爬行动物，但爬行的脚已变态呈鳍状，以适于在海洋中的游泳生活。地球上的龟类，大约有300种，但海龟种类并不多，只有7种。在中国西沙、南沙群岛上常见的

有5种，即海龟、丽龟、蠵龟、玳瑁和棱皮龟。海龟中体型最大的是棱皮龟，它的体重一般为400千克，而1961年8月在美国加利福尼亚州蒙特利尔附近捕到的一只棱皮龟，体重达865千克，体长2.54米。

海龟在整个生命过程中时常要面临来自大自然和人类因素的威胁，海龟蛋要受到掠食者浣熊和螃蟹的威胁，它们喜欢到巢穴挖食这些蛋。而新孵化出的小海龟要藏身于沙粒之下来躲避海鸟和鱼类的捕食。根据科学家们推测，孵化出的1万只龟中只有1只能活到成熟期。

然而，所有这些妨碍海龟生存的自然威胁，比起人类造成的威胁都显得微不足道。由于海龟全身都是宝，海龟肉是上等食品；龟板是制造龟胶的原料，是治疗肾亏、失眠、健忘、胃出血、肺病、高血压、肝硬化等多种疾病的良药；龟掌有润肺、健胃、补肾和明目等功效；龟油可治哮喘、气管炎；背甲不仅是中药，有清热解毒的作用，而且可以加工成眼镜框、表带和雕刻成精美的工艺品。因此，商业性的捕鱼行为，每年要杀死兼捕上来的海龟达到数千只。在美国东海海岸，捕虾网就曾经造成了只一个地区1年就有5.5万只海龟的死亡。虽然国际贸易早有海龟禁止交易的禁令，但经营海龟的捕捞船从未减少，捕杀海龟的现象屡禁不止。世界自然保护基金会（WWF）在一份报告中说，偷猎者仍在违反颁布已达25年之久的贸易禁令，每年仍有30万只海龟被捕杀。

在大海中倾倒的垃圾，尤其是塑料对海龟来说也是致命的。每年由于错将塑料袋、气球和一次性塑料杯当成水母而误食致死的海龟就多达上千只。塑料堵塞了海龟的消化系统，使其饥饿致死。另外，海岸环境的改变对海龟也造成了巨大的冲击，因为海龟在产卵期需要到安静的沙滩来产卵。可是，沙滩上居民房、旅店、商业建筑以及四周保护这些建筑的海堤、防护堤的建造等，都阻碍了雌海龟产卵期的正常产卵。同时，从其他海岸搬运来用以扩充沙滩规模的沙子，往往不适合海龟的产卵。还有外面的照明灯和街灯都会影响雌海龟上岸产卵，或者使孵化的小海龟在爬往大海里的过程中迷失方向。

如今，这些经历了地球气候变化大劫难而幸存下来的海龟，正面对着来自人类活动如捕猎、污染和生存环境被破坏的致命威胁，处于极大的灭绝危机之中。目前，绿海龟、玳瑁、棱皮龟、肯普氏丽龟，大西洋蠵龟和太平洋丽龟等所有的海龟种类都已被列为受到威胁和濒危的物种。

目前，拯救海龟的一个方法是人工养殖海龟，但这只是一个补救办法，由于海龟躯体大、寿命长，人工养殖的代价是很大的。最经济的养殖方法是前期人工繁殖，然后把大量的小海龟放入大海，并呼吁人类不要再捕杀海龟。

第三章

动物需要我们的保护

从人类自身生存的角度来说，保护动物就是保护人类自己。人类虽然被称为万物之灵长，但是人类也只是这个星球上的一个物种，必须依赖于其他物种的生存和生物圈的良性循环才能生存和发展。人类并不是大自然的主宰，人类也不是万物的神灵，人类只是大自然的一部分，我们必须更新观念，保护自然，与自然和谐相处，共同创造一个和谐的、美好的、可持续发展的生态环境！

动物保护的兴起

人类有史以来不断地调整着对于人与自然、人与动物关系的态度。动物学家认为，自35亿年前地球上出现了脊椎动物和人，人类经历了采集渔猎时代、畜牧农业时代、无限制利用时代，最终进入动物保护时代，希望人类与动物和谐相处、共同进化。

动物保护是指对动物物种和种群进行保护，其基本目的是对人类生活、生产以及生态、审美功能满足的保护，这是目前国际社会动物保护立法普遍关注的问题。

在“动物保护”一词中，“保护”的含义实质是“保存”或“保育”的意思，动物保护是指为了挽救濒临灭绝的动物种类、种群数量控制以及使动物个体免受伤害，由人类社会采取各种保护措施和手段，从而使动物得以安全、健康地生活和繁衍后代。广义的动物保护应具有两层含义：第一层含义是，人类社会为了保存物种资源或保育生物的多样性而提供的各种有效的保护措施。如各国颁布野生动物保护法律法规，以保护濒危的野生动物；建立野生动物自然保护区，用以保护动物的生活环境；对有特色的畜禽地方品种保种，从而丰富可利用的遗传资源；等等。在这个意义上的动物保护，包括野生动物、家畜地方品种和培育品种等，是以物种资源或种群为保护对象的。这类保护的科学理论是以遗传学、动物行为学和动物生态学为基础的。第二层含义是，为了使动物免受身体损伤、疾病折磨和精神痛苦等，从最大程度上减少人为活动对动物造成的直接伤害。在这一视角下，也可以认为是动物的福利、动物的康乐。

动物小知识

世界上61个热带国家中，已有49个国家的半壁江山失去野生环境，森林被砍伐、湿地被排干、草原被翻垦、珊瑚遭毁坏……亚洲尤为严重。如果森林没有了，许多林栖的动物就无家可归了。

现代动物保护运动的兴起源于环境伦理学的兴起，体现在人与动物关系的实际状况和相关法律规范的微妙变化上，主要的发展历程如下：

一、现代动物保护主义兴起的渊源

在现代社会中，环境问题是被广泛关注的问题之一。同时，也是一个综合性的问题，它是“由于文化本身的不成熟而引发出的一个重大的社会问题，一个人类问题”。因此，环境问题的解决，不能仅仅依赖经济和法律手段，还必须同时诉诸伦理信念，进行一场深刻的思想革命。而环境伦理学正是要通过对人与自然之间道德关系的研究和探索，把人类的道德关怀扩展到整个生

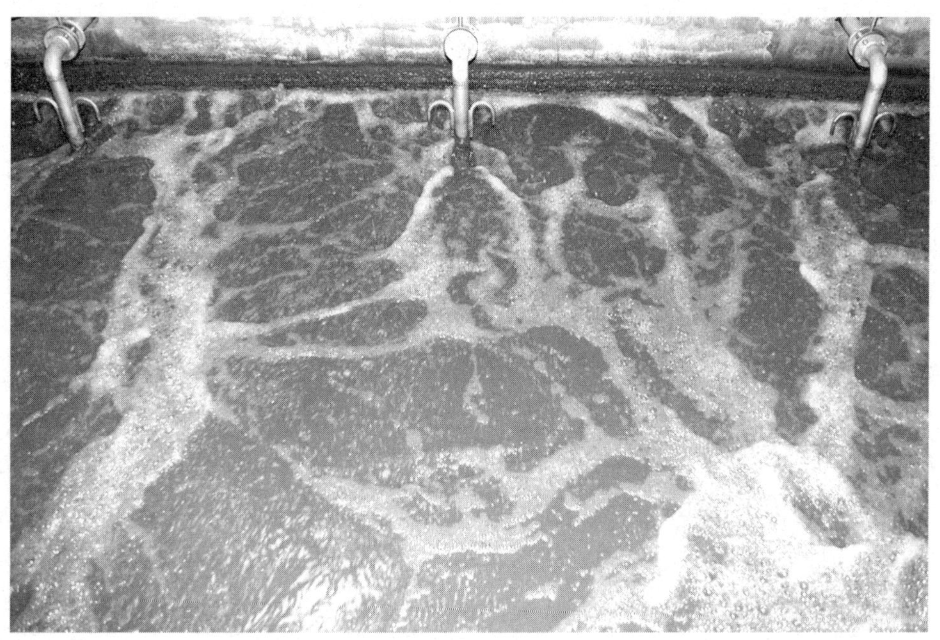

态环境领域，从而为人类保护自然，解决环境问题，提供新的价值导向和科学的理论指导。在这些新的价值思考和导向之下，人类对于动物的态度也在悄然发生着变化。

长期以来，由于知识和技能的发展和进步，人类曾经一度以为自己的发展方向和向自然界的索取可以永无止境，然而随着生产力发展水平的进一步提高以及对自然环境的依赖程度的不断深化，人们发现原来自然资源并不是永不枯竭的，它终会有被穷尽的一天。尤其是20世纪中叶以来，第二次世界大战的结束给人们提供了一个相对和平而稳定的发展空间，人类补偿性消费惯性和年轻一代及时行乐心态，极大地刺激了对物欲的追求，这些都为社会生产发展提供了极大的内在需求动力，推动了经济社会的高速发展。在相对被动的自然界和自然资源面前，人类的行为几乎达到了疯狂和忘乎所以的程度。被科学技术发展带动的巨大社会生产力，已经接近可以穷尽某种不可再生资源的地步；人类生产过程中和狂热消费过程中释放出的负能流——废水、废气、废渣对自然环境产生巨大的负面影响，已有了从整体上威胁到人类生存发展的可能性。然而，以目前的科技水平，人类能达到的空间活动，还是建立在地球表面提供的物质和能量基础上的，我们不可能“提着自己的头发离开地球”，于是，人类开始重新审视自己与整个世界的关系。

人类社会的文明发展已经历了两个主要形态：传统的农业文明和近代以来的工业文明。当一种文明带给人类的福利是以人类面临灾难和毁灭为代价时，这种文明的发展及其存在的合理性和正当性就受到怀疑，其内在的缺陷和弊病必会引起反思和批判，因而，这种文明形态就要被矫正、改造和更新。关于生态危机与人类文明发展关系的研究表明，人类以往一些文明的没落，直接原因是这些文明的发展引发环境破坏而导致的生态灾难。如果说农业文明时期，环境破坏与生态危机是局部的、表层的，还没有超出自然的修复能力，那么，在工业文明时期，环境破坏和生态危机则是全面而深层的，远远超出了自然自身的修复能力。人类文明要向前发展，需要对旧有的文明形态进行革新，通过对社会、个人的一种观念和思想介入，唤起人们生态意识的觉醒和回归自然家园的意识。只有从价值观上摆正了大自然的位置，在人与自然

之间建立了一种新型的伦理关系，才能构建人、社会、自然之间的和谐关系，实现新的文明范式。

20世纪50年代，随着人类科技水平的进一步提高，人类开始进入信息化时代，人类群体间、集团间、国家间的活动开始往区域化和一体化的方向发展，人类和自然环境的关系以及相互作用也开始朝着集团化、区域化和国际化的方向发展。人类向自然索取、开发、利用、改造的行为上升到了集团或国家间的行为，从而引发了社会环境与自然环境之间的伦理道德关系。人类传统的单纯意义上人与人之间伦理关系便发展为不仅包括人与人之间，还包括人与自然之间、人与社会之间以及社会与自然之间的多层次的立体交叉关系，极大地扩大并延伸了传统伦理学研究领域。非人类中心主义环境伦理学说兴起并逐渐成为引人注目的全球性话题，对动物予以保护的思想也就具有了根植的背景和土壤。

二、人类进入动物保护时代

人爱护动物的形象，并非由来已久。一直到20世纪初，人类对动物的剥削利用，以致造成动物痛苦或死亡，都还一直是西方社会普遍存在的现象，而当时少数胆敢就这个现象提出道德质疑的人，往往被其他人视为疯子或是无可救药的理想主义者。直到近数十年来，因为蓬勃发展的动物解放运动，西方人对待动物的态度才有了长足的进步。

西方最早开始了现代的动物保护运动，这些运动出现的根本原因是资本主义的发展带来了生活方式的变革，激发了人们重新认识“权利”。17世纪以来，宠物俨然成为了英国中产阶级生活方式的一部分。首先，人们已经接受了宠物是财产的一部分、宠物属于个人的概念。其次，人和动物之间相互依赖、不可分割的感情关系日渐被人们意识到，这也间接地挑战了人主宰动物的观念。最后，西方的家庭宠物都有自己的名字，即有了自己的“身份”。名字给了动物独立于人的身份。除了生活方式的变革外，产生于工业革命的中产阶级在发出自己的声音的同时也与传统的贵族阶级划分了界线。传统的贵族阶级喜欢打猎，因为打猎激发战争；喜欢斗鸡或逮熊，因为这代表着贵族欣赏的生活方式。而居住在城市里的中产阶级呼吁的则是停止这些无谓的牺牲，

指责这些活动对动物的残忍。从17世纪晚期开始，以人为中心的传统观念逐渐被破坏。18世纪，非人类中心的观点被越来越多的人认可，人们对残酷对待动物的行为的谴责也日渐强烈。英国多年来一直实行的毫不人道的宰割方式激发了人们的厌恶和愤怒，也因此激发了这种道德的觉醒。1790年，英国广泛开展着素食运动。在这些压力之下，动物屠宰厂停止在公共场所屠杀动物，宰杀行为不能被人看见。

到18世纪末，虽然要比人类低一等，但动物的确能思想、推理且有情感——这种观念被很多思想家讨论并接受。很多人认为，“一个文明的国家应该为保护动物不受虐待而设立人道的法律”。这种主张并不是一时的多愁善感，而是严肃的道德、法律和政治议题。英国人最先把同情的眼光投向动物，并在法律实践中解决这个道德议题。1809年，一位英国勋爵在国会提出一项提案，要求禁止虐待马、猪、牛、羊等动物。这项提案在当时遭到了人们的嘲笑，结果，虽然在上院获得通过，但在下院被否决。到了1822年，世界上第一个反对虐待动物的法律才在英国获得通过。尽管这个法令仅仅适用于体型大的家养动物，比如牛、羊、猪、马等，而把狗、猫和鸟类排除在外，但是，它仍然被认为是动物保护史上的里程碑。随后，爱尔兰、德国、奥地利、比利时和荷兰等国也通过了反虐待动物法案。之后美国的《反虐待动物法案》被认为超越了英国的反虐待动物法令，因为它禁止虐待所有动物，包括野生动物和驯养动物。这直接促进了动物福利的改善，并为进一步思考动物权利问题奠定了基础。

与此同时，英语世界中动物保护组织诞生，1824年，英国议会的议员和三位神职人员组成了两个委员会。一个委员会负责发表教育大众的刊物，影响大众观念。另一个委员会负责制定相关条例，监督并检查对待动物情况反对用动物做让动物痛苦的实验。在成立的第一年，这个委员会就处理了150多例残酷对待动物的事件；这个委员会影响很大，几年后，相同的委员会纷纷在北欧几个国家成立了。1840年，维多利亚女皇赋予该委员会“皇家”的名义，从此该委员会被称为“皇家防止残酷对待动物协会”。

反对用活的动物进行实验运动是维多利亚时代最重要也是影响最深远的

动物保护活动。一个法国的科学家用没有麻醉的猫和狗做解剖实验，他的做法引起公众的愤怒和不满，导致成千上万的人开始抗议这种毫不人道的实验行为，由此引发了反对用活的动物进行实验运动。1876年，英国制定了《残酷对待动物法案》，要求任何要实验的研究者都必须先向政府提出申请，获得批准后才能用动物做实验。反对用活动物进行实验运动是20世纪动物保护运动的直接先驱。自19世纪中期实验医学问世以来，生物医学突飞猛进，实验动物科学由此产生并奠定了它在生物医学发展中的重要地位。在100多年的过程中，与人类健康密切相关的重大科研突破，主要或大部分系经动物实验而完成。与实验医学出现的同时，随着动物应用数量的增加，动物保护主义开始露头，并迅速膨胀起来。1866年“美国防虐待动物组织（ASPCA）”成立。之后，1877年“善待动物组织（AMA）”成立；1883年“抗活体解剖动物组织（AAVSS）”成立；1899年“善待动物教育团体（AHES）”成立；1952年成立了“动物福利组织（AWI）”；1954年“美国人道协会（HSUS）”成立。现在，美国已经有几千个动物保护团体，其中较温和的团体认为，科学研究中可以用动物做实验，但是应该给予动物良好环境、良好营养、良好空间和镇痛、麻醉药剂，以及良好的照料。但更多的团体是所谓激进组织（至少有400个），如主张完全停止用动物进行医学研究和药物测试的，“动物解放阵线（ALF）”。美国政府还草拟了“在科研中禁止使用来源不明的犬猫”的法规。另外，动物保护主义者也转向了观赏动物和环保。1994年，有公众联名向美国农业部控告：某马戏团在演出时“用电击棒以及铁棒驱打”猩猩，并且把猩猩关在“狭小铁笼中”，这些行为都严重违反了动物福利法。但是，经农业部派加州兽医部门调查后发现，关闭猩猩的铁笼空间很大，还装有空调和电视，价值50万美元，并且也没有发现用铁器驱打动物之事，这一事件才平息下来。洛杉矶市政府每年会把街头无主猫捉来处死，然后卖给有关单位利用，所赚的费用贴补市政建设，2万只死猫价值5万美元。动物保护组织对此又作了干预，认为这笔钱是“血债”。市政府被迫每年将猫送到化肢站烧成肥料，而这将花费7.8万美元。凡此种种，科学家们反而需要花费很大的精力来寻求社会的谅解和支持。

从动物立法的发展进程看，动物保护主义初起时仅涉及濒危动物，后逐渐扩展到宠物和实验动物。后来又扩及普通家畜家禽，甚至连动物园内的动物展出，都受到监视和警告。如今，动物保护主义已经成为一股类似绿色和平组织的政治力量，到处介入社会活动。1992年2月12日，有关化妆品法令768号修正法令在欧洲议会中被通过，化妆品原料中，凡是含有“已经过动物试验合格的化学药物”自1998年1月1日起不得上市。在这之后的12国部长会议上又作了补充，如果到时仍然找不到非动物试验的检验方法，允许把施行日期推迟，但推迟的时间不少于2年。有250万人签名支持这项修正法令，这个法令是国际动物保护组织与政府长期斗争和调和的结果。

20世纪后期，不仅欧美国家，世界上大多数国家，包括亚洲和拉美、非洲一些国家都制定了反对虐待动物的法律，动物福利协会和各种动物保护组织纷纷涌现。现在，人们已经达成共识，残害和毁灭生命是不对的，爱护和促进生命才是人的基本责任，而一个文明的国家应该为保障动物不受虐待设立人道的法律。

动物消失对生态的影响

科学家们认为，在距今3000年以前，在新西兰的自然界中还有许多恐鸟存在。而世界上最先见到恐鸟的是毛利人，这些波利尼西亚人的后代在1000多年前从塔希提岛出发，渡过了漫漫大洋来到荒无人迹的新西兰岛时，就遇到了这种不会飞的恐鸟。

当时的新西兰生存着15种以上的恐鸟，高达3米以上，有的高达4米，是鸵鸟的2倍，重量为300千克以上。也有一类是矮小种，侏儒恐鸟，只有大恐鸟的一半。这些恐鸟长着两条粗壮的长腿，脑袋很小，脖子很长，翅膀和肩带退化，胸骨扁平而没有龙骨的突起。

恐鸟虽然叫“恐鸟”，但它们却不让人恐惧，因为这是一种性格温驯、老实本分的草食性大鸟。一生吃素而不沾腥荤，嫩树叶、浆果、树子就是它们的美餐了。但恐鸟长得高大，所以看起来很吓人。

毛利人用长矛、棍棒和弓箭就能轻易地捕捉恐鸟，作为餐桌上的肉食佳肴。看到食物来得如此容易，这些毛利人就开始大肆猎杀恐鸟，现在岛上能随处见到的垃圾堆，里面可能就留着大量的恐鸟骨头。除此之外，恐鸟的毛皮保暖性能极好，人类就开始用它制作衣物，甚至连鸟蛋也要用来制作容器，吃剩下的鸟骨就用来制作弓箭箭头等武器、装饰品和工具。恐鸟的灭绝一方面在于人类大肆捕杀做食物，另一个最重要的原因还是失去了栖息地，这主要是当地的毛利人疯狂砍伐森林来开垦农田而导致。

动物小知识

生态环境问题是指人类为其自身生存和发展，在利用和改造自然的过程中，对自然环境破坏和污染所产生的危害人类生存的各种负反馈效应。

人类于1000年前到达新西兰时，新西兰有着16万只左右的恐鸟，而人类让恐鸟的灭亡只花了160年，有人称之为“闪电灭亡”——这样快的灭绝速度是已知灭绝动物群中最快的。

以恐鸟为食的新西兰巨鹰随着恐鸟的灭绝，也在生物的谱族中消失了。新西兰鹰是一种猛禽，身体巨大，翼展可以达到3米，它在猎食恐鸟时先用锐利的爪子抓住恐鸟的背部，将其击倒再撕食。没有了庞大的恐鸟为食，这些巨大的猛禽再也找不到果腹的代替品，恐鸟灭绝，它们也只能随着恐鸟一起消失在历史的长河之中。

鹰没有了，人类在登陆时带去的鼠没有天敌的克制，大量繁殖，大面积地偷食岛上的鸟蛋，结果就是大量的鸟类因此而灭绝。

这是很好的一个某个物种灭绝带来生态大灾难的例子，某种动物的灭亡不只是这个种类的不幸，更不幸的是因为食物链中的某一环缺失，整个食物链会发生变异，从而给环境与人类带来不可估量的灾难。

中国动物保护现状

20世纪六七十年代随着环境危机的加重，各国都开始关注环境问题，我国也开始意识到动物对整个生态系统的重要性，并在《中国二十一世纪议程——中国二十一世纪人口、环境与发展白皮书》第十五章生物多样性保护中提出了生物多样性保护的方案。那么，目前我国的动物生存状况怎样呢？

一、我国野生动物的保护现状

野生动物保护事业的发展是当前世界上衡量一个国家科学文化和精神文明程度的重要标志之一，并已成为国际文化交流和人类共同关注的一项重要

内容。我国地域辽阔，自然环境多样，野生动物资源极为丰富。据统计，我国约有脊椎动物6266种，占世界种数的10%以上。其中兽类500种，鸟类1258种，爬行类412种，两栖类295种，鱼类3862种。许多野生动物属于我国特有或主要产于我国的珍稀物种，如大熊猫、金丝猴、朱鹮、普氏原羚、白唇鹿、褐马鸡、黑颈鹤、扬子鳄、蟒山烙铁头蛇等；有许多属于国际重要的迁徙物种以及具有经济、药用、观赏和科学研究价值的物种。这些珍贵的野生动物资源既是我国宝贵的自然财富，也是人类生存环境中不可或缺的重要组成部分。

中华人民共和国成立后，特别是改革开放以来，我国政府把保护野生动物自然资源、改善生态环境列为一项基本国策，在野生动物的保护管理、科学研究、资源考察、驯养繁殖等方面付诸了一系列的实践。因此，一方面，我们应该看到，经过各级政府和富有社会责任感的民众的努力，我国野生动物保护事业取得了相当的成就；另一方面，由于我国人口的快速增长及经济的高速发展，对野生动物资源的需求和压力不断增大，在多重因素的影响下，使得许多野生动物严重濒危，野生动物的整体生存状况令人堪忧。

（一）我国野生动物保护取得的成绩

1.以《中华人民共和国野生动物保护法》为核心的法律体系初步形成

国务院早在1962年就颁布了《关于积极保护和合理利用野生动物资源的指示》；外贸部在1973年也发表了《关于停止珍贵野生动物收购和出口的通知》；同年，林业部拟定了《野生动物资源保护条例》；1979年，国务院颁发了《水产资源繁殖保护条例》；1981年，林业部《关于加强鸟类保护，执行中日候鸟保护协定的请示》由国务院批转发布；1983年，国务院发布《关于严格保护珍贵稀有野生动物的通令》；1985年，国务院对全国公布施行《森林和野生动物类型自然保护区管理办法》；全国人民代表大会在1988年11月8日投票通过了《中华人民共和国野生动物保护法》，其中，确定我国的野生动物保护事业总方针是："加强资源保护，积极驯养繁殖，合理开发利用"；2004年8月全国人大常委会对这一法律进行了修改。同年12月，国务院批准颁布了《国家一、二级重点保护野生动物名录》，该名录规定保护的动物达335种（其中一级保护野生动物97种、二级238种）。另外，各省、市自治区和北京、四川、福建、新疆等也已规定了地方重点保护的野生动物。此外，还有《水产资源繁殖保护条例》《严禁收购经营珍贵稀有野生动物及其产品的通知》《中华人民共和国渔业法》《关于禁止制止乱捕、滥猎和倒卖、走私珍稀、濒危动物的紧急通知》《国家重点保护野生动物驯养繁殖许可证管理办法》《中华人民共和国野生动物保护实施条例》《水生野生动物保护实施条例》《陆生野生动物资源保护管理收费通知》《关于禁止犀牛角和虎骨贸易的通知》和《森林和野生动物类型自然保护区管理办法》等一系列法律法规；各级地方人大、政府也制定与之配套的法规和规章。我国还参加了《生物多样性公约》《濒危野生动植物国际贸易公约》《国际重要湿地公约》。还与日本和澳大利亚分别签订了保护候鸟及其栖息环境的协定等。就此，我国已初步形成了以《中华人民共和国野生动物保护法》为核心野生动物保护法律体系。

2.初步形成了全国性的自然保护区网络

在野生动物栖息地保护方面，自20世纪50年代起，我国已开始建立自然保护区，改革开放以后，自然保护区得到了巨大的发展。2005年前，我国已建立自然保护区1999个，占国土面积的14.4%，初步形成了全国性的保护区网络。目前全国80%的野生动物，特别是国家重点保护的珍稀濒危动物绝大多数都在自然保护区里得到较好保护。与此同时，中国自然保护区在国际上的影响也日益扩大。中国已有21处自然保护区加入“世界人与生物圈保护区网络”，21处自然保护区被列入“国际重要湿地名录”，3处自然保护区被列为世界自然遗产地。1992年1月3日，我国政府加入《湿地公约》，现有自然湿地约为3620万公顷。2001年启动的“全国野生动植物保护及保护区建设工程”，将湿地保护列为重要建设内容。国务院2006年正式批准启动由国家林业局、国土资源部、农业部、水利部、建设部等10部委共同编制的《全国湿地保护工程规划》（2004 ~ 2030年），确定了到2030年使全国湿地自然保护区达到713个，国际重要湿地达到80个，使90%以上天然湿地得到有效保护，

完成湿地恢复工程140.5万公顷，建成53个国家湿地保护与合理利用示范区，形成较为完整的湿地保护、管理、建设体系，实现使我国成为湿地保护和管理先进国家的中长期发展战略和任务目标。我国的自然保护区建设为野生动物的生存繁衍作出了突出的贡献。

3. 实施了濒危动物拯救措施

我国还建立了14处野生动物救护繁育中心，初步建立起野生动物收容、救护、繁育体系，收容救护了大量伤病等非正常来源的野生动物，并实施了大熊猫、扬子鳄、海南坡鹿、高鼻羚羊、野马等物种拯救工程，取得了显著成效：大熊猫野外种群数量一直稳定在1000只左右；扬子鳄在20世纪80年代初从野外引种200条，现在发展到7000条。马鹿、野马和高鼻羚羊已发展到了一定的种群，现在正恢复其野性，分批地让其重新回归大自然。梅花鹿、火鸡、鳄鱼、鸵鸟、虎纹蛙、珠鸡、蓝孔雀和绿头鸭等野生动物人类已驯养繁殖成功。这些措施的实施使我国的一些野生动物的濒危物种繁衍得到了恢复和发展。

4. 充分掌握野生动物资源动态

在野生动物资源动态上，国家组织了多次区域性和全国性的单项或综合性的野生动物资源调查，掌握了野生动物资源动态，为我国的野生动物保护奠定了基础。特别是1995~2003年，国家林业局（林业部）组织开展了首次全国陆生野生动物资源调查，掌握了调查物种的种群数量、分布、栖息地状况，对我国的野生动物资源的保护工作具有深远的意义。为了加强对野生动物的管理，国家林业局分别成立了“野生动物进出口监测中心”“野生动物资源监测中心”和“野生动物资源管理培训中心”等机构。同时国家林业局中国鸟类环志中心多年来一直在开展鸟类环志工作，共环志各种候鸟9万多只，另外组织开展的珍稀濒危野生动物生态学研究，取得了一大批重要科研成果，为这些物种的保护提供了科学的依据。

尽管在野生动物保护方面，我们取得了一定的成绩，但是我国野生动物保护现状仍令人忧虑。由于多种因素的影响，使一些原本分布广、种群大的物种数量急剧减少，许多濒临灭绝的野生动物处境更加艰难。

（二）我国野生动物生存与保护面临的问题

1.滥捕乱杀现象仍然没有得到有效的制止

由于现有的野生动物保护法主要关注的是濒危野生动物，大量的野生动物并没有受到法律保护，于是许多人为了自己的口腹之欲或者其他商业目的，对动物大肆猎杀，许多原本数目繁多的动物面临灭绝之境。数十年前，我国青藏地区羚羊数目极其丰富，但当人类发现它们的皮毛可制成名贵的装饰品时，藏羚羊遭到了毁灭性的猎杀，据统计，1990~2000年在我国每年至少有2.5万只羚羊遭到猎杀，短短十年间，原本数目极其丰富的藏羚羊已濒临灭绝。在可可西里，伴随着对藏羚羊的残杀，其他的野生动物如黄羊、白唇鹿、马鹿、棕熊、野驴等都遭到噩运。据青海野生动物办公室1995年的调查，在野牛沟一带，白唇鹿、马鹿种群数量在近10年中下降90%以上，在青海湖地区，过去广为分布的普氏原羚、野驴、盘羊等已基本绝迹。据国内一些媒体的公开报道，深圳市平均每天要吃掉10吨以上的蛇，饭店、酒楼经营的野生动物近40种，95%的被访者吃过野生动物；南昌市有一条街每天销售青蛙达3000千克；南宁市园湖路的一些酒楼、粥店推出了麻雀宴、麻雀粥、烤麻雀

来招揽顾客，平均每天有3000多只麻雀成为南宁人的腹中物；海南疯狂捕杀野生鸟类，使全省的鸟类从原来的344种减为214种。

在国家林业局1995 ~ 2003年的全国陆生野生动物资源调查报告中，我们可以看到，国家重点保护野生动物是资源数量保持稳定或稳中有升的主体，但非国家重点保护野生动物，特别是具有较高经济价值的野生动物的种群数量明显下降。其中，我国部分野生动物处于极度濒危状态，单一种群物种面临绝迹的危险。白臀叶猴多年来一直未曾发现，可能已经绝迹。四爪陆龟、扬子鳄、莽山烙铁头蛇、鳄蜥、朱鹮、贵州金丝猴、海南长臂猿、坡鹿、普氏原羚、河狸等单一种群物种不仅种群数量少而且分布狭窄，一旦遭受自然灾害、疫情或其他威胁，则面临绝迹的危险。

另外，对其他野生动物的猎杀也会危及珍稀动物。捕捉野生动物会对珍稀动物的食物、环境、生活造成极大的干扰，而且捕捉动物的机关、工具也会“有意无意之间”伤害珍稀动物，海上捕鱼队的鱼网每年困住并溺死上万头海豚就是一个有力的证据。

2.野生动物栖息地破坏严重

野生动物的灭绝或濒临灭绝的主要因素是人为因素。这些因素包括狩猎及生活环境的破坏，尤其是生活环境的退化、生活环境的丧失和生活环境的高速度断裂，这在过去的40多年中显得尤其突出。每种动物的生存和繁衍，都受到其栖息地的各种环境的限制。野生动物的栖息地一般是处于相对平衡的状态，但由于人类的干扰等原因，又在无时无刻地发展变化着，其中，变化的程度一旦超过野生动物可以适应的范畴，它们就将无法在原来的栖息地里繁殖、生活下去。随着科学技术的日益发展和社会生产力的迅速提高，这种变化来得日益明显而急邃。

随着我国人口的迅速增长与经济的飞速发展，野生动物的栖息地生态环境不断遭到人为干涉和破坏，其中，天然植被和森林的不断减少，导致野生动物栖息地越发呈现“破碎化”趋势（野生动物栖息地的破碎化指在人为活动和自然干扰下，大块连续分布的野生动物栖息地，被其他非适应的障碍物分隔成许多面积较小的板块），一些地区之中，随意砍伐森林、侵占山地屡见不鲜。虽然也有人工育林项目，可这种林地的林种较为单一，虽然能够提高部分地区的森林覆盖，但对生物多样性的保护却没有发挥很大作用。围湖造田、填海建地现象普遍，天然的湿地严重被侵占。其中，以破坏沿海地区红树林、不按标准过度捕捞鱼类、过量使用农药化肥、污染滥用水资源引起江河断流现象最为典型，扎龙自然保护区这一国际级湿地名录保护区，甚至要通过人工注水来保持湿地面积。除国家级自然保护区外的其他大部分保护区，虽然被列为国家保护范围，但由于林地归属权不清，人员不足、经费不足等，正常工作往往无法开展，这对野生动植物栖息地的保护无疑是雪上加霜。

由于为发展旅游业而兴建工程和旅游设施，大量建在野生动物栖息的地区，破坏了当地的生态环境，给野生动物的生存带来了严重的威胁。再加之游客所产生的嘈杂噪声、野炊烟火、拍摄观赏等，严重影响并干扰着野生动物的生活和生存环境。大量游人还可能使野生鸟类和动物正常生活习性紊乱，进而影响它们的健康，使其心律加快，繁殖能力衰退。国家级自然保护区中已有超过1/3出现因非保护目的不当开发而引起的环境恶化。与此同时，修水库、大坝、铁路、公路及采煤采矿等活动造成了野生动物栖息地的破碎化。由于

这些工程阻断了野生动物的正常迁移、扩散和建群，不利于野生动物开拓新的生境和资源，降低了野生动物个体间的资源竞争，导致了近亲繁殖，不利于各种野生动物种群间的遗传基因交流，使野生动物体质不断下降以至灭绝。

3.野生动物管理权限划分不清，管理体制不顺

我国对动物管理权限的划分存在一定问题，使很多动物成为管理不力的受害者。在野生动物管理方面，国家林业局、农业部分别主管全国陆生、水生野生动物管理工作，省、自治区、直辖市林业（农林）厅（局）、渔业（水产、海洋与水产）厅（局）分别主管省、自治区、直辖市陆生、水生野生动物管理工作，自治州、县、市渔业（水产、海洋与水产）局主管自治州、县、市水生野生动物管理工作，自治州、县、市林业（农业、农林、一畜牧、农牧）局主管自治州、县、市陆生野生动物管理工作。这种以行政区域和水生、陆生动物为界限的管理权限划分方式存在一定弊端。第一，水生动物与陆生动物不是动物学上的分类标准，有些动物既在水里生活也在陆地上生活；此外，《野生动物保护法》也没有对水生动物和陆生动物下定义，因而水生动物与陆生动物之间的界限是模糊的，这必将引发对动物管辖权的争议。第二，不符合

动物生长分布规律，人为割裂了动物生存环境的完整性，导致一些动物处于保护的真空地带。第三，地方政府和各个部门往往以各自的利益为重，难以保证对动物保护进行合理的人力、物力投入。第四，管理权限分散，难以对动物实行有效的科学管理。

动物小知识

工业革命以来，已有750余种动物从地球上彻底消失；当今世界每天都有约100个物种灭绝，以“万物之灵长”自居的人类正使自己日益走向孤独。

以国家一级保护动物藏羚羊被大量非法猎杀为例，在我国藏羚羊主要分布在青海、新疆、西藏、四川四省区海拔3700~5500米的高山荒漠草原。为了保护藏羚羊，我国政府在重要分布区先后建立了青海可可西里国家级自然保护区、新疆阿尔金山国家级自然保护区、西藏羌塘自然保护区等多处自然保护区，成立了专门保护管理机构和执法队伍，定期进行巡山和对藏羚羊种群活动实施监测。但非法猎杀藏羚羊的活动并没有因此而停止过。对此，中央电视台对有关主管部门的负责人和偷猎者进行了采访，指出了以行政区域划分管辖权的一些弊端：第一，各省交界处容易形成保护区的薄弱地带。因为保护区的执法队伍分属保护区所在的各地方政府机构，在执法时，各执法队伍只管辖在本行政区域内的保护区，这样各自保护区范围内的边缘地带往往被忽视；第二，有的地方政府因财政困难无法承担执法、巡山等保护工作带来的财政开支，形成了执法瘫痪的局面，这样就使地方政府联合执法的链条出现了薄弱环节，从而也为偷猎者提供了可乘之机。野生动物管理权限的划分，会直接影响到野生动物保护工作的实效。

4.野生动物的福利依然令人堪忧

野生动物依然有动物福利问题。1993年，我国在深圳建立了第一所野生动物园，此后，短短十几年中，全国野生动物园总数已经达到30余家，这是美国的3倍、日本的6倍。但单纯的数字并不能说明什么，在这些野生动物园中，为了追求经济利益的增长，往往疏忽基础建设，规划与布局也不合理，野生动物的生存条件不容乐观。其中，大部分野生动物园属企业或个人投资，抵御自然灾害与市场风险能力弱，保护濒危野生动物的功能丧失。野生动物在那里仅仅被当做是旅游资源或观赏物被关在笼子里，备受虐待和折磨。据《北京青年报》2003年5月26日报道，福建省海沧县野生动物园在SARS流行期间，由于门票收入减少而克扣动物的活命口粮，致使动物园的濒危动物因饥饿而互相残杀。现在不少地方为商业利益而滥建动物园，不考虑动物的基本利益，没有设立企业储备金应对风险，遇到危机就克扣动物的口粮，这种虐待动物的行为在许多动物园都存在。在驯兽团里，种种虐待野生动物的行为就更加普遍了，为了不让野生动物反抗，有些驯兽团还将老虎、狮子的牙齿和指甲全部拔掉或打断，以上种种虐待行为在我国野生动物保护法中却并没有被明文禁止，即使施虐者引起民众的强烈的愤慨，受到道德的谴责，也可以逃避法律的制裁。更有偷猎者为制作猛禽标本，将捕获的猛禽眼睛刺瞎，将其关于黑房内，并切断食物和水源，令其痛苦死去。大量猴子被残忍地取出脑髓，无数食用动物在完全清醒的状态下被屠宰以及活熊取胆入药等残忍的方式，诸多事例表明，我国野生动物的福利状况不容乐观。

野生动物和人类一样，是地球的主人，同样拥有生存的权利，尊重和保护它们的生存权是社会文明的表现。野生动物为人类提供了丰富的物质资源，并在维护生态平衡方面发挥着不可替代的作用，是人类可持续发展的重要基础。而上述我国野生动物生存和保护状况，说明了我国的野生动物保护形势还很严峻，需要常抓不懈。

二、我国驯养动物的保护现状

驯养动物主要是指农场动物、工作动物、娱乐动物、宠物动物和实验动物。在这里我们以农场动物和工作动物为主，来观察我国的驯养动物的生存和保护状况。

目前，中国的肉食动物饲养业正在高速发展。据估计，中国一年有6亿头生猪出栏。据中国肉品协会公布，2003年我国已有6932万吨肉类出产，品种达300多种，其中猪肉4518万吨，牛肉630万吨，羊肉357万吨，禽肉1312万吨。我国肉类生产总量居世界第一，占全世界总产量的27%，其中猪肉产量也居世界第一，占全世界总产量的47%；牛肉产量居世界第三位，占全世界总产量的9%；羊肉产量居世界第一，占全世界总产量的26%；禽肉产量居世界第二位，占全世界总产量的17%。中国现在已经是名副其实的肉类生产大国。但与此同时，各类被作为食物批量生产的动物的生存状态却急剧恶化了，与之相关的动物健康和动物福利问题也随之而来。

（一）饲养环节的状况

随着农场动物变为“大宗商品”和“产肉机”，畜禽规模化、集约化饲养的工厂式养殖方式在我国不断推广，忽视动物生命需要和基本利益，甚至虐待动物的行为也大大增加。

按我国一些科学家的研究表明，在我国肉鸡的生产上规模化、集约化占的比重比较大。一些生产者为了保证成品鸡肉的质量及出笼速度，将采购的肉鸡全部是室内饲养，在设定的温度、湿度、光照下，吃着按营养配比、口味始终如一的饲料，不到两个月就会走完一生，一般是45天左右的寿命。当这些从来没有接触过大自然的肉鸡，首次走出屋外享受阳光的时候，就是将被屠宰的时候。据介绍，看着那些温顺的肉鸡“叽叽喳喳”地涌到阳光下，一些操刀的员工也会流下眼泪。在猪的饲养方面，猪场建设、过度限制母猪自由、猪鸡混养以及滥用添加剂上均存在着很大的问题。以许多猪场的标准，在5平方米的圈里要养15~60千克的猪9头，在12平方米的圈里要养15千克以下的猪20~30头，这是十分拥挤的。猪连翻身都不行，更别说有其他空间。为了不让母猪压死小猪，母猪只能在一个仅可容身且勉强能站起来和趴下的分娩栏里生产，而且必须35天都待在这样的狭小空间里。整体来看，猪的生存情况十分糟糕。有的养殖场引进并利用了欧洲逐步淘汰的工业化养殖技术。对母猪普遍采用单体限位饲养，有的甚至把正在生长发育的后备猪也关在单体限位栏内饲养，造成种母猪体质下降，“使用”年限缩短，肢蹄病严重，以致有的猪场种母猪在生产3 ~ 4胎后就因站不起来、配不上种、难产、死胎增多而不得不提前淘汰。居住空间是动物福利非常重要的指标。许多养殖场的动物生活在空间过小、连身子都无法转动的封闭型环境中，导致常常出现躁动和骚乱，精神和生理健康也就无从谈起。

中国肉类协会2004年2月23日发布的《关于应对禽流感挑战做好禽肉和

禽蛋加工的情况通报》中指出：我国南方一些家庭农场的鸡舍就设在猪圈上方，鸡的排泄物随时落入猪舍中，在恶劣拥挤的饲养条件下，动物免疫力下降，如果加上催熟激素的滥用，使得畜禽的生长期过短（鸡的成熟期不足40天）。这些本来发育就不正常的动物更容易受到病毒侵害。

（二）运输环节的状况

人类对待饲养动物的不善面孔同样表现在动物运输上。往往动物贩运者专注于追求经济利益，为降低成本，尽可能多地运送动物，运输工具通常超负荷一路不停地运抵目的地。经过长途运输到达目的地时，动物们已伤痕累累，又累、又饿、又渴甚至被热死、冻死或被同类踩死。运输的密度、温度，剧烈驱赶、外部陌生环境的刺激，再加上现在养殖的畜禽多为速生品种，抗应激能力差，这些问题都会对肉的质量产生不利影响。从山西运到新疆的活鸡，每年达几十万只，长途运输达7~10天，鸡在格子笼中不能站立，日光暴晒、缺少食水，折磨严重。动物异地运输屠宰量也越来越大，长途运输动物量更是逐年递增。仅以重要的畜产品生产和调出省河南来说，年生猪出栏量就达4300万头，其中一半以上要经过长途运输运往上海、北京和深圳等城市。而从主产区的生猪往往要经一二十个小时的车载运输才能到达广东、中国香港、上海等地，特别是广东的某些转运站在收到一车经长途运输的活猪后，立即强制给每头活猪灌服20 ~ 30升凉水。这不仅是对猪的摧残，也造成猪肉品质的严重下降。据新京报2005年6月23日报道，广州西郊一动物市场，一批货车装有200只珍贵的狐狸，到终点时已死了4只。而且通常市场里装载沙鸡的小货车都有二三十只笼子，每只笼子约20只沙鸡，而一两只死于运输途中是极其常见的。

动物小知识

人类依靠渔猎，从自然界获得肉食，是驯养的前奏。最初从驯养中繁殖的动物，除了力役与偶尔供妇女儿童们玩好之外，主要还是当做食品来源。在古人原始宗教崇拜自然神的观念中，也有宰杀活动物来给“鬼”“神”享受，这就是“祭”的来历。

（三）屠宰环节的状况

中国作为一个畜牧大国，禽畜产品出口量的比例却不足22%，原因之一就是不适当的养殖和屠宰。在屠宰过程中，动物能听到同伴的惨叫，看到同伴的流血。我国畜禽的屠宰方法主要有两种：一是传统的分散小规模个体屠宰，一是现代工艺的集中大规模肉联厂屠宰。目前，在北京、上海和杭州这样的大、中城市里，已经有90%以上的政府定点屠宰生猪，但家禽、肉羊、肉牛的定点屠宰还是很少。相比而言，小城市、城镇和农村的生猪定点屠宰工作则更加差一些。根据统计，目前市场上流通的家畜肉有60%左右属于个体屠宰。个体屠宰有很多的问题：第一，屠宰过程中，很容易引起应激反应，产生的应激素虽然可能不至于影响人的健康，但肯定会影响肉的品质，目前国内大多数符合标准的屠宰场采用人工电击杀猪手法，但是由于电量控制难以掌握，有时会将猪直接电死或者是没有电晕反而让猪更恐惧，而且很多牲畜都是在木棒驱赶下进入屠宰场、亲眼目睹同伴被宰杀分割、吓得嗷嗷乱叫甚至在屎尿齐下的极度恐惧中结束自己的生命的。第二，个体屠宰多数是在室外露天场所进行的，宰杀、剥皮、去骨、分割的过程中都有可能使肉被污染。第三，个体屠宰难于管理，给检疫和监控带来了很多的漏洞，更别谈动物保护和动物福利了。

（四）管理状况

在驯养动物的管理方面，同样存在着多头管理、管理权限分散等问题。目前我国对畜禽的管理分别由农业部、卫生部、质检总局、工商总局等所属的多种机构执法。但即便是这样，对动物的管理仍然是不全面的，例如，至今我国还没有一个保障动物福利的机构；而且这种管理也是不科学的，不但造成大量的人力、物力资源的浪费，亦起不到预期的管理效果，尤其是在对动物疾病的预防、动物福利方面，没有兽医的全程监控，很难得到保证。据不完全统计，目前我国畜禽死亡率较高，全国猪死亡率为8%～12%，家禽死亡率为20%，牛死亡率为5%，均高于世界平均水平。看来对动物管理权限的划分必须采取一种更为合理的方法来确定，否则许多动物都将成为人类管理不力的牺牲品。

（五）驯养动物生存现状中存在的其他问题

除了在上述环节驯养动物的福利存在着严重的问题之外，近年来，我国连续出现“毒死宠物狗”“宣扬敌对动物混养导致狒狒被老虎咬死”“硫酸伤熊”等虐待动物的事件，也频频引起社会各界和媒体的广泛关注。来自四川成都的一份动物虐待调查表明，“生抠鹅肠”“鸡要吃得叫，鱼要吃得跳”的残忍做法竟然成为当地某些餐厅的招牌特色，而人们却对仍活着的“被抠了肠的鹅”“被生生割去胸肌的鸡”“全身焦枯嘴仍翕动的鱼”的痛苦视若无睹。在皮草生意发达的肃宁县，甚至有人说，“死了剥皮和活着剥皮是一样的，不过这样（活着剥皮）方便利索”。从活熊取胆，到羊城数万宠物狗被实施“忍气吞声术”而残忍地割掉声带，甚至在用动物入药时，一些不仅要活的，还要用种种方式折磨动物才能体现药用价值的残忍方式。如为了“明目”等药用价值，就把粗糙的导管插入黑熊的胆囊中活取熊胆等。

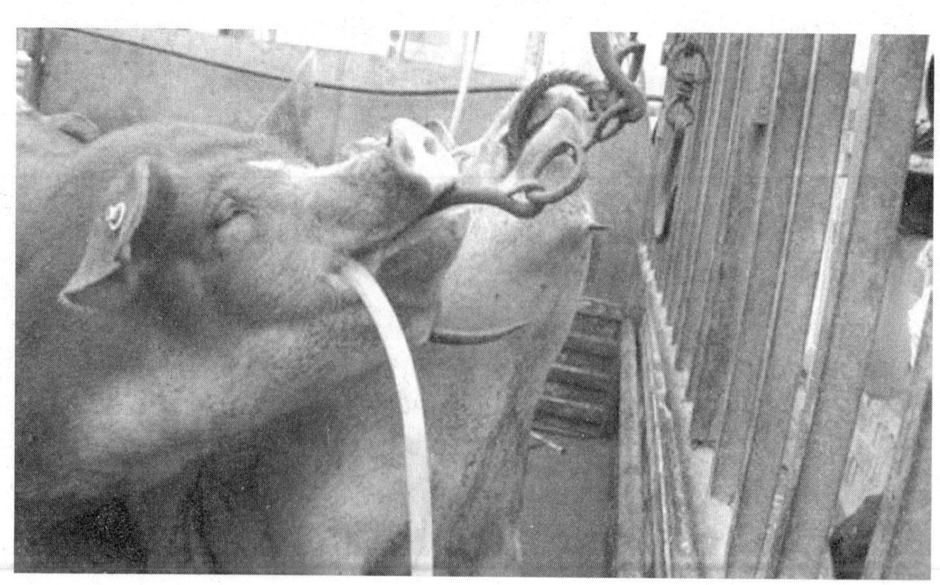

现在虽然有宠物热的现象，但这背后也有一些不容忽视的问题。随着社会对宠物需求的增加，许多作为育种工具的雌猫、雌狗终其一生地不断生育；一些宠物饲养者甚至遗弃发病的宠物，这些流浪的宠物或被车撞死，或被捉到市场上卖掉，成为人类的盘中餐。还有宠物死亡后的尸体处理问题，乱扔乱抛现象已经越来越成为困扰环境卫生的一个问题。我们为生活水平提高与经济发展沾沾自喜时，不少动物正遭受着摧残。

另外，“动物娱乐”是驯养动物保护中存在的又一个问题。据报道，斗狗比赛已出现在广西、广东、新疆、合肥、武汉等地。武汉一家斗狗场从2002年9月底正式成立，至今已经举行20多场斗狗表演。当地一些群众认为斗狗活动太残忍了，“看着狗厮杀得血淋淋的，实在惨不忍睹”。人们不仅在大肆吃狗，还要拿狗取乐、牟利，把残害动物的斗狗活动当做“都市休闲娱乐项目”加以引进，在时有所闻的斗鸡斗牛之外，又增加一种血腥娱乐。对于这类完全漠视动物福利、残害动物，同时也培养人残忍和嗜血心态的不良娱乐，我们的社会应该有所反省和警觉了。

三、我国动物保护状况的反思

（一）在野生动物保护方面

我国生物多样性虽然丰富，但受到的威胁也相当严重。由于人类的生产生活等活动导致野生动物栖息地范围迅速缩小或破碎化，野生动物生存受到一定程度的威胁。

近年来，各级政府通过设立自然保护区或保护小区，完善法律制度，强化执法监管，实施全民保护意识教育等措施加强野生动物保护，并取得了明显成效：野生动物种群数量上升，特别是一些极度濒危的野生动物已摆脱了濒危状况，并开始实施人工种群向野外回归。

然而，我国野生动物保护的形势仍然十分严峻，野生动物生存受到的威胁依然存在，这主要有五个方面原因。第一，毁林开荒和湿地的减少导致了野生动物栖息地退化、缩减或污染，造成了野生动物生境丧失或片断化，使

野生动物陷入濒危状态。第二，人为因素的破坏和干扰，对野生动物生存造成了威胁。非法猎捕和过度开发利用屡禁不止，导致个别野生动物物种数量急剧下降。第三，管理体制的不健全和湿地开发利用的混乱，导致了湿地减少或退化，使野生动物生存受到威胁。第四，存在许多没有保护依据的非重点保护野生动物资源，导致了资源过度消耗，从而出现了新的濒危物种。第五，人工繁育的速度无法满足经济发展对资源的需求，给野生动物保护工作带来了一定压力。

（二）在动物福利方面

可以说，在中国动物的福利状况很差。这对于我国社会发展有阻碍作用，也与我国作为一个经济大国、农业大国、畜牧大国的地位很不相称。残杀动物的事件一波未平一波又起，我们只能从道德层面对这样的行为进行谴责，却没有相应的法律规范对其实施行之有效的制裁；动物福利的概念在国际贸易中频频出现，并日益成为一个重要的国际趋势，因此带来的贸易壁垒给了我们极大的经济压力；涉及动物实验的科研论文因为没有符合动物福利的伦理准则的证明而不能在国际刊物上发表，也影响着我国科学技术的发展。非理性的消费观念、不规范的屠宰方式、不安全的饲料成分都在时刻损害我国动物的福利状况，这些都值得我们去反思和检讨。其原因主要有：

1.动物保护宣传教育留于表面，动物福利观念未深入人心

我国动物生存现状不容乐观在很大程度上与公民的动物福利意识尚未达到相当水准有关。在我国，动物仍处于“没有生命的物”的地位。许多人在对待人与动物关系问题上，认为人对动物拥有绝对支配权，可主宰动物的一切，乃至生杀大权，动物遭受人类残暴对待的新闻屡屡见报。仅透过上述事例已经可以了解国人的动物福利意识状况之一二。随着公民受教育程度的加深，残害生命的现象仍时有发生，这不仅是我们的社会教育的一种缺失，而且是对生命之爱的缺失。

2.动物保护法律体系存在着一定的缺陷

当前我国虽然已经制定了一些动物保护方面的法律法规，但仍然存在着明显的缺陷。诸如：立法的出发点不是基于将动物作为有感知能力的生命加以

保护，而是把动物作为一种资源，放在从属的地位；对驯养动物福利法律保护的缺失；现有法律对动物保护的范围过于狭隘；法律条文原则性条款多，可操作性欠缺；等等。由于这些问题的存在，使得在我国对动物的保护缺乏全方位的法律规范标准，在具体制度的构建上也就存在着法律基础薄弱的问题。由此，实践中动物福利和保护方面出现种种令人遗憾的情形就是可能的了。上海动物园就曾发生过一只国家二级保护动物海豹客死柳州的事件。经解剖检查发现，这只三岁大的海豹胃内有十多个塑料袋和石头、铁钉、牙签等物。海豹胃部严重受损，导致死亡。北京动物园的5只黑熊被大学生刘海洋用烧碱和硫酸烧伤事件同样也为我们敲响了警钟。

动物的福利和保护、饲养和繁育涉及众多行业，不仅农业部门饲养动物，建设园林部门和大学研究部门实验室、私人家庭等都在越来越多地饲养动物，使得动物的数量极其庞大。而针对当前我国动物生存和保护的现实状况，对野生动物与驯养动物的饲养和利用，都应该在新的伦理眼光下重新审视。一

方面我们要加强动物福利的宣传和教育，逐步提高人们的动物福利意识，更重要的，是亟待加快这一领域的立法，制定出适合国情的动物福利法律、法规及标准，使得动物福利和保护问题有法可依，有章可循，从而提高我国的动物保护水平，这对我国社会、经济、科技发展和文明进步都具有重大的现实意义。

动物保护的现实理由

正因为环境正在被破坏，大量的动物种类正面临着消失，所以动物保护就成为一个严峻的社会问题。如果要给出足够的理由说明为什么要保护动物，尤其是濒危动物，那么大致有以下几方面：

一、维护生态平衡

因为每种动物都是生态系统中的一个重要环节，通过食物链的关系让物种之间起到互相依存而共同牵制的作用。如果食物链的某一环节出现问题，

整个生态系统的平衡就会受到严重影响甚至崩溃。比如，因为无节制地猎捕蛇类，蛇类资源的枯竭会导致森林、草原和农田鼠害在局部地区猖獗。由于大量使用农药、化肥，猎捕活体用作宠物贸易，会让食虫鸟类的数量飞速地减少，出现松毛虫、蝗虫等森林和农作物病虫害大面积发生。鼠害和病虫害给农林牧业造成的巨大损失难以估量——生态失衡的代价之大让人类必须要保护动物。

二、保障科学研究和教育活动的资源需求

许多动物尤其是濒危动物正是科学研究的试验材料，在动物学、进化学、生态学、遗传学、现代医学、仿生学等学科领域里有着不可替代的作用。例如，中国驯养的数万只食蟹猴和猕猴，其中绝大多数是用来做实验动物、生产抗病防病的疫苗。科研院所、大专院校、动物园以及博物馆收藏或展出濒危动物的标本，这对科研教学、宣传教育、执法活动等有极为重要的作用。

动物小知识

地球上的生物不可能单独生存，在一定环境条件下，它们是相互联系、共同生活的。生物学家指出，在自然状态下，物种灭绝的种数与新物种出现的种数基本上是平衡的。随着人口的增加和经济的发展，这种平衡已经受到破坏。

三、药用价值

中国传统医学大多是在研究和利用野生动植物的基础上发展起来的，虎骨、豹骨、犀牛角、麝香、穿山甲片、赛加羚羊角、熊胆粉、海龟壳、蛤蚧、眼镜蛇毒、蟾酥等都是中医药不可或缺的原料。

四、食用和衣用价值

目前，许多动物是生活中常见的食用或衣用原料。如鹿肉、黄羊肉、紫貂皮、黄鼬皮、豹猫皮、水獭皮、藏羚羊绒、燕窝、飞龙、鳄鱼肉、鳄鱼皮、鸵肉、蛇干、蛇皮、蛇粉等。仅仅在蛇类方面，1997年中国利用各类活蛇约9000吨，价值就达4亿元以上。

五、观赏价值

大部分动物具有观赏价值，是动物园、森林公园、自然保护区或风景名胜区的主角，是马戏表演的主角，也是部分家庭的宠物。赴国外展出和合作研究一对大熊猫，每年至少可为国家筹集到1000万元大熊猫保护基金。象牙、河马牙雕刻而成的工艺品以及孔雀、鸵鸟羽毛，蝴蝶、盘羊头骨制成的装饰品，也是艺术珍品。

六、外交价值

中国特产的动物有大熊猫、金丝猴、东北虎等，它们既是世界级濒危物种，也是全球都喜爱的珍稀动物。对外赠送或赴外展出这些动物可以有多种作用：提高国家知名度、发展国家间政治经济关系、促进文化交流、增进民间友谊、宣传濒危动物保护管理成就、开展濒危动物合作研究、筹集濒危动物保护经费等。

我们要努力行动

一、“给我们建条生态通路吧！”

位于加拿大落基山脉的一个公园，在高速公路周围设了铁丝网，避免动物走进高速公路被车撞伤。公园又在高速公路的上层设了一座铺着绿色地毯的天桥，底下设了一个安全通道。这样动物们就可以安全通过公路了。

韩国的世界杯公园为了方便野生动物喝水，在斜坡开凿了水洞，还在排水口设了保护网，防止蜥蜴随着水流出去。

二、“与野生动物保持一段距离。”

爱护野生动物最好的办法是远离它们，尽量不要干扰它们的生活。在山上如果遇见了可爱的野生动物，不要向它们投食物，也不要追着它们跑。

动物们一旦喜欢上人类喂它们的食物，就不再愿意自己寻找食物了。这样的话，这些野生动物会越来越难以适应野生环境。

人们总是觉得考拉可爱而想抱抱它。但是人们从未想过这种举动对于考拉来说是一种很烦恼的事情。心情烦躁的考拉有时可能生不出宝宝。

动物也有自己的生活。动物们的私生活也需要像人类一样得到尊重。

三、“我们不喜欢听回音。”

人们到了山顶，经常喜欢大喊：“噢！耶！”可是这种声音和它引发的回音对于动物来说有点刺耳。

大多数野生动物是用四只脚着地走路。一些野生动物个子不高，从脚跟到肩膀的距离很短。它们的耳朵很灵敏，所以对周围传来的声音和震动很敏感。

“噢！耶！”的声音对人类来说是一种欢呼，但是对动物来说是一种噪声。

四、“让我们把冰山还给北极熊吧！”

地球的温室效应使得北极的冰层开始融化，导致一些北极熊消失。为了防止地球温室化，我们能做的事情有哪些呢？

多走路、多骑自行车、少开车；

多种树木；

电器不用时，拔掉插头；

不要在冰箱里存放很多食物；

减少使用空调和微波炉的次数；

冰箱上面不贴磁贴……

五、“连一滴油都不浪费。”

河水里滴一小勺食用油就会被污染。河水被污染，生活在里面的小鱼就会死亡。为了让小鱼重新在水中健康地生活，需要花费很大的力气。所以沾着油的小碟子不要马上放入水中，要先用餐巾纸把小碟了擦干净以后再洗。

六、“我们要记住地球上已经灭绝的生物。”

“地球上曾生活过长得像袋鼠的塔斯马尼亚狼，很久以前地球上生活着不会飞的鸟——嘟嘟鸟，这些你都知道吗？”

多给朋友讲一讲地球上已经灭绝的生物的故事吧，另外，为了让亚洲黑熊、老虎等动物不从我们身边消失，要多多关心它们的安危。

七、“我们要遵守与自然的约定。”

从表面上看来，地球上的一种生物以其他生物为食物，又被其他生物当做食物。但是实际上地球上的生物是互相帮助的，都遵守着和睦相处的约定。谁都不能只顾自己，不顾别人。在漫长的岁月里，不论是巨大的鲨鱼还是一只小小的蚂蚁，每种生物都要严格遵守这个约定。

但是一些人就没能遵守这个约定。他们希望赶走生物，得到更广阔的土地。他们觉得什么事情都可以轻而易举地实现。

不遵守与自然的约定，地球就会变得杂乱无章。人们不得不食用生活在污水里的小鱼，在荒芜的土地上收割长势不好的庄稼。

不遵守与自然的约定，就得不到自然的任何帮助。地球上的所有生物都是生活在一个食物链里，只要其中一种生物消失，那么其他生物的生活也会受影响。我们应当重新回想一下我们与大自然的约定——所有生物都要互相帮助、和谐地在这个地球上生活。

第四章 给动物建造天然的乐园

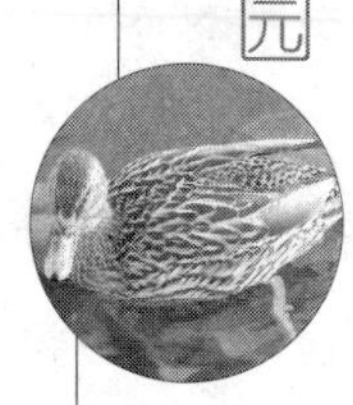

动物是人类的朋友，缺少了朋友，人类的生活便缺少了色彩，生态环境也会随之发生变化。所以，保护野生动物就显得尤其重要。如何保护人类的朋友？如何管理它们？这些问题一直困扰着人们。野生动物保护方式以自然保护区管理为主导，把资源的有效管理与合理开发利用相结合，用不同的保护方式，使整个保护区成为以保护为主，并协调科研、宣传教育等活动。

公园与保护区

日本是一个比较重视自然保护的发达国家。在各地保护设施中有各级自然公园、海上公园、自然环境保全地域、国设鸟兽保护区等。其中，自然公园的建设与管理具有代表性。

日本的自然公园按知名度和管辖级别的不同，可分为三大类，即国立公园、国定公园、都道府县立自然公园。它们都是日本国内著名自然风景区。其中，国立公园是在国内外有一定影响的、最著名的自然风景区；国定公园的知名度仅次于国立公园；而都道府县立自然公园是具有地区特点的自然风景区。每个自然公园各具特色，共同构成以国立公园和国定公园为框架的全国多级自然公园网。

日本的自然公园数量多，各类自然公园已达382处；自然公园的总面积已占全国国土面积的14.11%。同类型中的不同公园，均具有各自的特点。例如，富士山、中部山岳、大山和日光山地，同为国立公园，并属于火山山地类型的自然风景区，但它们的特点各不相同。

富士山是一座巨大的层状休眠火山，孤立的圆锥状火山锥构成该山的主体，火山锥体与火山口保存完整。富士山海拔3776米，为日本的最高山峰，山地自然景观垂直分布十分典型。富士山属于孤峰型火山山地，孤高独秀，势若天柱，极为壮观，在日本评选出的百处旅游地中，名列第一。

中部山岳、大山和日光山地均为群峰型火山山地。中部山岳以活火山和保存着第四纪冰川地貌为主要特色；大山以群山与海滨平原、山间盆地等构成的区域综合自然景观为特色；日光的山峰多耸立在多级熔岩台地上，台地上的湖沼草甸与山地上的森林构成该区多层次的特殊自然景观。

森林植被是山地生态系统的主体，也是山地自然景观的主要组成部分。日本山地类型的自然公园内，森林植被得到很好的保护。为了保护山地自然景观，日本每年进口大量木材。树木采伐前，首先考虑栽树。日本现在森林覆盖率已达70%。大面积的原始森林或次生林，郁郁葱葱，多处在自然发展、自然更新状态。

动物小知识

现代的人们对自然保护区都不会感到陌生，这类用于保护各种重要生态系统、濒危物种，以及有重要科学价值或美学价值的自然遗产的特殊区域，已经越来越多地引起了社会的重视，成为人们向往的地方。就其历史而言，它非常年轻，在我国尤其如此。

由于森林面积广大，再加上有的自然公园内特别划出鸟兽保护区、禁猎区、禁渔区等，因而野生动物也得到很好的保护，例如明神池中的野鸭、日光山道旁的猴群、西湖畔众多的鹿蹄印等，都保存着完整的自然状态。

山阴海岸是以特殊的海岸地貌为主体的自然公园，分沙质海岸和基岩海岸。沙质海岸以鸟取沙丘最著名，鸟取沙丘的特别保护地正是紧靠海岸的几道大沙堤，面积仅460公顷。每年大量游人到这里观看日本岛上少有的沙丘景观。为了使这片沙丘不被植被覆盖，每年都要进行沙面除草。在这里，沙丘景观成为最主要的保护对象。日本建立自然保护区的目的十分明确，即保护自然以供国民共同享用，再加上日本是一个经济高度发达的国家，每年有大量资金用于自然公园建设，目前，一般公园的各类设施都比较完善。这些设施包括保护设施、教育设施、交通设施、旅游服务设施、体育运动设施和防灾设施等。

保护设施包括刻写着各种规章制度的告示牌、区界牌、路线牌、围栏与游览步行道等。不许车辆进入的地区，步行道的建设非常重要。上高地一带步行道的建设具有一定的代表性。那里的林间步行道，有的是泥沙道，和总体自然环境保持一致；有的用小卵石铺路，界线清楚，不易损坏；在一些较低温的林地内，修建双排木板桥式曲径，既保护了林草，又美化了环境。

教育设施主要是博物馆和有关宣传材料。国立公园和国定公园内多设有博物馆，有些博物馆还是重要的科学研究机构。馆内除展出大量动植物标本和各种模型外，还有供学习、研究用的电脑及音像设备。

旅游服务设施是比较完善的。游客在自然公园内食、宿、购物与游玩都非常方便。各种等级的宾馆、餐厅、商店、急救站等，分布在人们活动比较集中的地点。另外，不同的自然公园内，还分别设有登山、游泳、滑雪、划船、滑翔等运动设施。

为了防治山地灾害和保证游人安全，国家出资在一些山沟中修建多级泥石流坝，并修建多种形式的护坡工程；在灾害易发生地段，还修建一些应急的避难小屋。

优美的自然风光、完善的旅游服务设施和良好的服务，使自然公园强烈地吸引着国内外游人。日本国民的经济条件优越，并且有较多的休息时间，因而度假旅游已是许多国民日常生活的重要组成部分。所以，日本自然公园旅游收入已成为国民经济的重要组成部分。

给动物一个家

当代自然资源保护和管理中的一件大事，是自然保护区在全球范围内的广泛建立。一个世纪以前，许多人甚至还不知道自然保护区这个名词；半个世纪后，它就像雨后春笋，在世界不同的国家和地区出现。20世纪50年代以后，全世界广泛地设立了自然保护区，自然保护区的数量达到1000个以上，有些国家自然保护区的面积甚至超过了国土面积的10%。目前，全世界自然保护区的数量和面积仍然在不断增加。值得一提的是，自然保护区的建立不再单纯局限于国家和政府，一些私人团体和个人也开始建立自然保护区。自然保护区这个名词不仅妇孺皆知，甚至几乎成为一个国家文明与进步的象征了。

一、人类在征服自然

自然保护区事业因有其深刻的历史背景，才能够得到如此普遍的重视和迅速的发展。在人类史这部永远也没有终结的巨著中，人们用鸿篇巨制来描绘他们征服自然过程中所取得的胜利。字里行间总是透露出一种沾沾自喜的思想——认为地球的资源是取之不尽、用之不竭的；人与自然就是开发利用与被开发利用的关系；衡量人类文明与进步的重要标志，就是如何用最少的人力和物力在最短的时间内从自然中获得最多的利益。直至最近一个世纪，人类才开始认识到，在人与自然的斗争中，远远低估了大自然的力量，也由于自己的无知和轻敌，在与自然斗争的战略上已经大错特错，更忽略了在改变自然的同时带来的因冲击环境而造成的恶果。人类在征服自然过程中的胜利往往是以资源和环境为代价的，而这代价正是人类借以维持生命的。

为了人类长期的生存与繁荣，人类必须学会爱护自然，并采取一系列综合措施保护自然，建立自然保护区就是这些综合措施中的一个重要环节。

二、自然保护区的作用

为了保护各种重要的生态系统及其环境，拯救濒危物种，保护自然历史遗产而划定的进行保护和管理的特殊地域的总称就是自然保护区。自然保护区包括自然地带中各种生态系统的代表，也包括一些珍稀动植物品种的集中分布区，候鸟繁殖、越冬和迁徙的停歇地，以及饲养、栽培品种的野生近缘种的集中产地；还包括天然风景区以及具有特殊保护价值的地质剖面、化石产地、冰川遗迹、喀斯特、瀑布、温泉、火山口以及陨石所在地等。此外，自然保护区的特殊类型还包括，在传统的农业实践中创造出的一些成功保护自然的范例。自然保护区的类型多样，保护和管理的方式也不尽相同，但它们都像光彩夺目的明珠，星散地分布在地球各处，它们都是大自然留给人类的珍宝。

自然保护区究竟有什么作用，为什么人们如此重视自然保护区的建设呢？

下面就让我们来回答这一问题。

第一，自然保护区可以为人类提供生态系统的天然“本底”。生物与环境长期相互作用的产物就是各种生态系统。目前，世界上各种自然生态系统和各种自然地带的自然景观，正在被人类干扰和破坏。无限制地采伐森林，开垦草原，荒漠的过度放牧，热带农业开发以及城市化和工业化等，使得许多地区生态失衡，有些地区的自然面貌甚至已经难以辨认。为了对这些地区提出合理的利用和保护措施，就要研究其自然资源和环境的特点，因而不得不借助于古代的文献记载、考古材料、自然界残留的某些特征（诸如孑遗生物种类、土壤剖面、地貌类型等）和古生物学的研究资料，来推测这些不复存在的自然界的原始面貌。由此可见，现在仍保留在各种自然地带的、具有代表性的天然生态系统或原始景观地段，都是自然界的原始“本底”，这些珍贵的“本底”为衡量人类活动结果的优劣提供了评价的准则，同时也为探讨某些自然地域的生态系统以及今后合理发展的方向指出了一条途径，以便人类能够定向地控制其演化方向。

第二，自然保护区是各种生态系统和生物物种的天然贮存库。目前，世界上究竟存在多少物种还不十分清楚，生物分类学家们在研究物种方面进行了大量的工作，但由于种种原因，对生物种类的认识还缺乏系统可靠的资料。世界上的物种，目前认为是500～1000万种，但只有150万种是记载在科学文献中的。人们很久之前就从这些物种中获取生活的原料。新石器时代以来，人类农业育种工作的重心一直在少数已被驯化或栽培的动植物种。现在育种家们发现，要改良现有品种并提高生产潜力的难度越来越大。因此，除了对少数现有的物种进行育种改良之外，还必须寻找新的食物来源，于是又开始转向大自然的宝库中，寻找野生的物种资源。

人类利用生物物种的历史证明，哪一种生物将对我们有用是无法预言的。有些物种看似无用，却突然变成医药、工业、农业育种和科学研究方面都有用甚至是不能代替的原料，这样的例子是很多的。例如，许多分布区局限的原始野生植物，它们本身的产量可能很低，但往往是培育抗病虫害品种的唯一来源；利用野生的近缘植物培育出的矮秆小麦和水稻品种，革新了栽培方式，并提高了许多地方的产量。

专家发现了犰狳和北极熊的科研价值，可以作为保护野生动物种质的例子。迄今为止，犰狳是人类以外唯一能患上麻风病的动物，这就为寻找治疗麻风病的方法提供了巨大的帮助。还发现，北极熊的毛是罕见的高效吸热器，这为设计和制造冬天御寒衣物以及太阳能吸收器提供了重要的线索。

有近半数的药物是从野生生物中发现而制成的，几千年前的中国已经开始直接用野生生物作为医药。但迄今为止，只对世界上不到1/10的植物进行了这方面的调查研究。随着科技的发展和人类需求的不断提高，已经陆续发现了许多过去从未用过的野生物种在工业、农业、医药以及军事方面的新用途。遗憾的是，许多物种正因人为干扰和自然环境的改变而加速灭绝，有些物种在未深入研究其作用之前，甚至还没来得及定名就濒危或消失了。物种灭绝的数量之大，十分惊人。野生生物学家曾统计，地球开始有生物大约是在35亿年以前，随着种类逐渐增多，最多时曾达1亿～2.5亿种，其后，减少的速度逐渐加快，到现在已经很少了。

自然保护区正是为了保存这些物种及其赖以生存的生态环境而建立的。在自然保护区的调查研究中，相继发现了许多重要的动植物资源及完整的生态系统。目前，世界上的许多曾一度繁茂分布的物种因环境的变化或人为的干扰，正处于濒临灭绝的状态。建立自然保护区并对其进行合理的管理，将有助于这些生物的保护及其繁衍。从这个意义上说，自然保护区无疑是各种生态系统和生物物种的天然贮存库。

第三，自然保护区是科学研究的天然实验室。自然保护区里，保存了完整的生态系统和丰富的生物物种。这些物种、生物群落及其赖以生存的环境为各种生态学研究提供了良好的基地，自然保护区也成为了天然的实验室。自然保护区具有长期性和天然性的特点，这就为一些连续的系统的观测和研究提供了有利的条件，生态学家更能准确地掌握天然生态系统中物种数量的变化、分布及其活动规律，在自然环境长期演变的监测以及珍稀物种的繁殖及驯化等方面做出研究。

第四，自然保护区是活的自然博物馆，也是向群众进行有关自然和自然保护宣传教育的自然讲坛。除了少数为进行科研而设立的绝对保护区之外，青少年、学生和旅游者可以进入一般保护区进行参观游览。这些保护区内有精心设计的导游路线和视听工具，可以增加人们的生物、地学的知识。自然保护区内通常都有小型的展览馆，可以通过模型、图片、录音、录像等向参观者宣传有关自然和自然保护的知识。

第五，某些自然保护区可以提供一定的场地以便旅游。自然保护区保存了完好的生态系统以及各种珍稀动植物或地质剖面，有些保护区的天然风景更胜，对旅游者的吸引力很大。在不破坏自然保护区的前提下，可以划出一定的地域有限制地进行旅游事业。随着人们生活水平的提高，自然保护区的旅游潜在价值也日益明显。

动物小知识

自然保护区的总体要求是以保护为主，在不影响保护的前提下，把科学研究、教育、生产和旅游等活动有机地结合起来，使它的生态、社会和经济效益都得到充分展示。

第六，自然保护区在改善环境、保持水土、涵养水源、维持生态平衡方面具有重要的作用。在河流上游、公路两侧及陡坡上划出的水源涵养林是自然保护区的一种特殊类型，能直接起到环境保护的作用。当然，仅靠少数几个自然保护区，要维持大自然的生态平衡是远远不够的，但自然保护区却是自然保护综合措施网络中的一个必不可少的环节。

三、在中国建立自然保护区的优势

中国国土面积广阔，自然条件复杂，生物种类丰富，社会主义制度优越，在建立自然保护区方面有得天独厚的优势。

中国处于欧亚大陆的东部，东西横越经度60°多，南北纵跨纬度49°多，湿度由西北至东南渐增，由东南向西北则出现湿润、半湿润、半干旱与干旱4个不同的水分生态区；温度自南而北递减，从南到北可以看到热带、亚热带、暖温带、温带、寒温带5个不同的温度带。

中国的地质历史悠久而独特，形成了多种多样的地貌类型，既有高山、高原，也有平原、盆地。或具有代表性，或具有独特性，或形成了美丽的

自然景观，这些都具有重要的保护价值。

各个不同气候区域有不同高度的山地存在。中国的青藏高原和横断山脉地区，山高谷深，垂直变化大，随着海拔的上升，水热条件也发生了变化，形成不同的自然垂直带。

不同的水平地带和垂直地带气候有明显差异，土壤类型和动植物组成等方面也有区别。虽然中国也受到第四纪冰期降温等的强烈影响，但由于中国幅员辽阔，山区地形复杂，中国南方的许多地区并未被冰川覆盖。在第四纪冰期缓缓到来之时，为了找到适宜自己的生活环境，北方的生物逐渐南移，高山的生物也向平原移动。山地地形有局部性和多样性的特点，更成为保存物种和群落的“避难所”。冰期后恢复了温暖，各个地带的生物缓缓北上，或由平原向高山移动。在这些迁移的过程中，又分化出新的生物种类，因此在中国保存了丰富的生物物种。

中国约有414种兽类，1175种鸟类，196种两栖类动物，315种爬行动物，2000余种鱼类，在全世界同类动物总种数中分别占10%左右。其中不乏许多珍稀特产的动物资源，如中国特有的大熊猫、金丝猴、白唇鹿、褐马鸡、黑颈鹤、黄腹角雉、扬子鳄等；鹿、麝、麂、黄羊等经济价值较高，资源和种类也十分丰富。1988年12月，国务院批准公布了《国家重点保护野生动物名录》，在这257种中，属于国家一级保护动物的有96种，其中大熊猫以及近年在中国秦岭被中国科学院动物研究所的科学工作者发现的朱鹮，都是世界所瞩目的濒危动物；此外，金丝猴、贵州金丝猴、云南金丝猴、羚牛、野象、野牛、野骆驼、野马、白鳍豚、丹顶鹤、白鹳、褐马鸡、扬子鳄等为国家一级保护动物的重要代表。小熊猫、羚羊、水鹿、貂熊、雪豹、灰腹角雉、红腹角雉、白冠长尾雉、双角犀鸟、藏马鸡、大鲵、小灵猫、猕猴、白鹇、天鹅、绿孔雀等二、三级保护动物有161种。

中国是全世界淡水生物资源最丰富的国家之一，仅鱼类就有800余种，其中有一半以上是中国特有的种类，还有许多具有重要的科学研究价值和较高的经济价值。例如生长在东北的黑龙江水系、新疆的额尔齐斯河水系的一些冷水性鱼类，如大麻哈鱼、指罗鱼、细鳞鱼、黑龙江茴鱼、狗鱼、江鳕、丁

够和拟鲤等，有些虽不是中国所特有，但仍具有重要的经济价值。圆口纲的八目鳗的三个种类现在还生活在东北的几条河流中，这作为一个重要的进化阶元，具有重要的科研价值。现在，还有一些淡水鱼类的起源和发育中心生存在黄河、长江中下游平原地区，除青、草、鲢、鳙、团头鲂等已经驯养的养殖品种外，野生的白鲟、胭脂鱼、红鲌类、鲢鱼、鳡鱼、鳝鱼、鲴类、铜鱼类等是经济鱼类，也是我国特有种类。除了鱼类以外，长江中下游地区特有的珍稀动物白鳍豚、扬子鳄以及娃娃鱼等成为了本区独特的区系。在中国南方各省，也有许多如金钱鱼、鲈鲤、泉水鱼、华鲮类、结鱼类和刺鲃类等特有的鱼类，还有许多适应急流生活的鲱科和平鳍鳅科等世界上仅有的种类。种数占世界裂腹类90%的裂腹鱼类分布在青藏高原及其周围，这形成该地区特有的珍贵的鱼类资源。

因为有丰富的动植物区系和复杂的自然条件，中国形成种类多样的生物类型。就陆地生态系统而言，除了赤道雨林外，中国分布着几乎所有北半球的植被类型。森林中，包括寒温带针叶林、温带落叶阔叶林、亚热带常绿阔叶林以及热带季雨林和雨林；除森林外，还有灌丛、草原、荒漠、冻原和高山植被以及隐域性的草甸、沼泽和水生植被，中国植被分类中，仅高、中级单位就包括10个植被类型组，29个植被类型和70多个群系。

在建立生物圈保护区时，国际“人与生物圈计划”是以乌德瓦尔第的生物地理分类为基础。在他为全世界划分出的193个生物地理省中，有14个分布在中国范围内；而在他所划分的14个生物地理群落类型中，除了暖荒漠外，中国几乎都能找到其代表。这又从另一个方面体现了中国生物类型的复杂性和多样性。

丰富的物种资源和多种多样的生物类型是大自然留给中国的宝贵遗产，更是全世界人民共同的宝贵财富。因此，我们有责任和义务把它们很好地保存下来，为中国人民和全世界人民作出更大的贡献。

但是，由于人口的快速增长以及人类对自然资源不合理的开发利用，不少原始森林已经遭到破坏，许多动植物品种和植被类型或惨遭绝灭，或处于濒危状态，自然环境恶化，不少罕见的天然风景区受到威胁，许多珍贵的、具有重大科学价值的地质剖面和化石产地也未能得到保护。特别需要指出的是，我们对这些物种资源和生物类型的研究是很不充分的。就现在已研究的比较充分的种子植物来说，至少还有4000 ~ 5000种以上尚未记载和定名；在3万种种子植物中，已知其用途的约有6000种，但做过一定研究工作的仅2000多种，经过研究并确定价值的约有1800余种。至于其余一些种类，有待研究的数目就更为庞大；个体较小的生物类群，如昆虫、微生物等，我们了解和研究的就更少了。

由此可见，在中国全国范围内积极而有步骤地建立自然保护区，并进行合理的保护和管理是极其重要的。

珍稀动物的乐园

野生动物是自然资源中的一项宝贵财富，又是生态系统不可缺少的部分，在满足人们物质生活的需要和维持生物圈的生态平衡方面具有重要的作用。

为了挽救和保护珍贵的濒危动物，我国规定了一批濒危动物名单，其中包括台湾猴、金丝猴、长尾叶猴、白掌长臂猿、大熊猫、东北虎、华南虎、亚洲象、野驴、梅花鹿、野牛、羚牛、朱鹮、丹顶鹤、扬子鳄和文昌鱼等。我国以保护野生动物为主要目的的自然保护区有72处。

大熊猫是世界著名的珍稀孑遗动物，被称为我国动物界的“国宝”。它的

身价之所以如此高贵，除了珍贵稀有性以外，给人们带来美感也是其原因之一。世界野生生物基金会的会徽就是一只美丽可爱的熊猫，由此可见其重要的保护价值。

1.动物界的活化石

从考古学家和动物学家们挖掘出来的古化石来看，几百万年前，大熊猫曾经繁衍颇盛、家族兴旺，生活的范围广泛，几乎遍及我国南方各省区，甚至河北省也有它们的身影。化石发现的最北地点是北京的周口店，这说明，当时它们能适应这些地区的生态环境。到第四纪更新世期间（距今约200万年），冰川曾数次扩张和退缩，气候发生了多次激烈的变动，北半球普遍降温。在恶劣的气候条件下，动物群逐渐演变、分化和迁徙。到更新世晚期，大熊猫的分布区逐渐缩小，种群和数量也急剧减少，几乎濒临灭绝。大熊猫的这种分布上的退缩，一是因为气候的剧烈变化；二是因为大熊猫的内在因素，如本身食性高度专化、繁殖能力的下降、抵抗能力不强等。

由于秦岭和大巴山阻隔了寒冷气流南下，在我国川、陕、甘交界的山区，气候能保持温暖潮湿，大熊猫在这里找到了适宜自己的避难所，因此得到了生存和繁衍。大熊猫具有古老的历史，重大的科学价值，且种群稀少，因此被人们列为动物界的活化石之一。为了保护大熊猫等珍稀动物，1963年，我国最早的王朗自然保护区被建立起来，70年代以后，我国政府在现今大熊猫还能自然生存的秦岭西部、岷山、邛崃山和大小凉山一带逐步建立了其他以保护大熊猫为主要目的的自然保护区，迄今共有9个。这些保护区的建立，不仅保护了大熊猫及其他珍稀动物，也改善了当地的自然环境和生态系统。尤其是卧龙自然保护区，已经成为了我国研究大熊猫的中心，并在1980年被纳入联合国教科文组织的国际生物图保护区网。

2.大熊猫繁衍的宝地

卧龙自然保护区面积20万公顷，建于1975年。卧龙保护区处于四川盆地西部边缘邛崃山的东坡，是一个亚热带边缘向西南高山和青藏高原的过渡地带。这里山峰高耸，河谷深彻，最低海拔1218米，最高海拔6250米，相对高度的差值达1000 ~ 4000米，这里有高山阻挡东边来自太平洋的气流及西风环流，因此聚集了大量的湿润空气，雨量充沛，年降水量1500 ~ 1800毫米，因此被称为“华西雨屏”“西蜀天漏”。终年气候温凉湿润是森林生态系统发展的得天独厚的条件。从山麓到山顶有完整的垂直带谱，依次有常绿阔叶林、常绿与落叶阔叶混交林、针阔混交林、亚高山针叶林、高山草甸及砾石质垫状植物。

亚热带常绿阔叶林具有清新而雅致的深绿色外貌，海拔通常在1500米以下。樟科和壳斗科植物是这类森林的主要成员，油樟、山楠、小果润楠、黑壳楠以及细叶青冈、曼稠、青冈栎占据着森林的优势地位，而且大部分都具有重要的经济价值。珍贵木材和香料植物大部分为樟科；壳斗科的大多属于淀粉和鞣料植物。在高大的乔木树上常藤本植物攀援缠绕，有一种藤本植物葛藤，有肥厚的地下块茎，块茎中含丰富的食用淀粉，可以直接食用；还有一种叫五味子的藤本植物，全身是宝，果实可以治疗肺虚咳喘、泄痢、盗汗，茎、叶可以提炼芳香油，藤可以充当绳索。此外，胡颓子、野核桃等灌木都是优良的鞣料植物。

在海拔1500 ~ 2100米的地方，除了有常绿树种外，也有桦材、槭树、榛属的一些种和漆树等落叶树种掺杂其中，共同形成常绿与落叶阔叶混交林。

落叶树珙桐也生存在这个植被带中，这是一种十分珍贵的中国特产的单型属植物，被列为一级保护植物。林下灌木层，如箭竹、拐棍竹、溲疏、忍冬、山柳等也十分发达。

随着海拔的升高，气温逐渐降低，在海拔2100 ~ 2600米的地方，生长着铁杉、冷杉、云杉、华山松、油松等耐寒的针叶树，它们占据了森林的最高层次，与阔叶树构成针阔混交林。林下灌木层主要是喜生于山地的灌木杜鹃、花楸、荚蒾等。

在海拔2600 ~ 3600米的地方，云杉和冷杉占了绝对优势，成为亚高山针叶林的主要成员。云杉和冷杉的树干高耸挺拔，可达50米，给人以雄伟刚毅的感觉，不仅有重要的观赏价值，而且是用材、造纸、人造丝原料、单宁及松脂等的原料，是用途多种的经济树种。

云杉和冷杉的林下灌木层主要是箭竹和杜鹃。箭竹是保护区中具有特殊意义的植物之一，它的生命力极强，从海拔1500~3600米都有分布。当上层的阔叶树和针叶树因外界因素被破坏时，箭竹能利用地下横走的竹鞭及缩短的地下茎不断生出新芽，如雨后春笋般拔地而起，形成密密的难以穿过的竹丛。此外，箭竹还是大熊猫赖以生存的食料来源，因此，大熊猫的主要栖息地，是海拔2100 ~ 3600米箭竹茂密的地带。

海拔3600米以上，气候寒冷而湿润，夏季短促，冬有积雪，森林逐渐消失，仅有的几种灌木是高山杜鹃以及匍匐栒子木，这里大量出现中生耐寒的草本植物并形成山地灌丛草甸。报春花、珠芽蓼、金莲花、银莲花、紫堇、唐松草、橐吾、凤毛菊等十分繁茂，到了花期时节，五颜六色的大、小花朵竞相开放，艳丽夺目，因为花期各异，今天看到一片金黄，几天或十几天后又会变成一片粉红、一片绛紫、一片雪白或一片翠绿，形成五光十色的季相变化，所以植物学家把这种景观叫做五花草甸。

海拔4000米以上，干燥风大，只生存着很少的高山伏地而生的垫状植物或砾石质植物。

动物小知识

卧龙自然保护区是地球上仅存的几处大熊猫栖息地之一，保护区内建有大熊猫研究中心及繁殖场。游人可以看到国宝大熊猫在这里自由自在的生活。

卧龙自然保护区植物资源丰富，森林茂密，箭竹苍翠，草甸五彩缤纷，这些都为多种珍贵的动物创造了良好的栖息环境。其中，属于保护对象的珍稀动物就占了全国保护动物的一半以上，而人们喜爱的大熊猫大约有200多只生活在这里，是中国大熊猫最集中的地区。

3.独特的生活习性

大熊猫有一对圆圆的黑眼圈和黑白相间的花斑，体态丰满圆润，性格温顺，且能模仿人类的许多行为和动作，是一种逗人喜爱的野生动物，也是动物园中最能招引游客的动物。如今，许多友好国家，如英国、美国、德国、日本、墨西哥等的动物园，都将中国赠送的大熊猫视为珍宝，倍加保护。大熊猫既为世界许多国家的人民增添了生活乐趣，又带去了中国人民的友谊。

在动物分类学上，大熊猫自成一科。大熊猫堪称是肉食动物中的素食者，它虽与食肉动物同类，却以脆嫩清香的竹笋及竹叶为食；近来也有少数研究发现大熊猫会捕食极少量的动物性食物。大熊猫食性高度专化，加上长期的历史演变，它们只适应于阴湿和竹类繁茂的环境。大熊猫有发达而厚密的毛层，这增加了抗寒能力，因此它们从不冬眠，在冬季积雪的箭竹林中仍然可以找到大熊猫活动的足迹，它们的活动范围常与箭竹的生长和水源的分布密切联系。它们总是寻找清洁流动的水源和箭竹发育良好的地区，因为这些地区既有丰富的食物，又能随时隐蔽以防止敌人的侵犯。大熊猫对不同的竹类有很强的选择性，因此，并非所有箭竹都是它们所喜欢的。在保护区中可以看到冷箭竹、拐棍竹、大箭竹、箭竹、丰实箭竹和白夹竹等，其中冷箭竹是大熊猫的最爱，因此在冷箭竹分布最集中的针阔混交林带中，大熊猫活动的足迹

最为频繁，而且总是敏锐地选取营养期生长发育最好的、脆嫩的冷箭竹；而那些经采伐后的林地，箭竹虽生长稠密，但植株纤细、质量低劣，大熊猫极少光顾。竹笋也是大熊猫喜爱的食物之一，竹笋富含蛋白质、脂肪、糖类及多种维生素。有时，为了调剂过分单调的食谱，大熊猫也会采食森林中其他一些植物的果实。

大熊猫一般一胎产一个崽，繁殖率低，雌性大熊猫要选择产崽洞穴、筑巢、哺幼，幼崽出生一周后便由母亲带着生活，因此，在遇到天敌时，也会发生不慎丢弃幼崽的情况。

4.世界关注的科学研究

为了保护大熊猫并使其得到繁衍，世界野生生物基金会同中国有关单位合作，采用无线电遥控装置，实地跟踪观察野生大熊猫，研究大熊猫的栖息环境、活动与习性、食物与食物基地、自然繁殖过程、种群与群落、人为活动的影响等，并找出最适合它们生存繁殖的条件，以实现保护并扩大繁殖大熊猫的计划。同时，在保护区的研究机构中，还设立了动物、植物、土壤、气候、驯化栽培等方面的研究项目，并派遣固定的科技人员对其进行观测。近年来，福州动物园与有关单位配合，对“大熊猫人工驯化及生理生态”进行的研究取得了可喜的成果，现在他们能对大熊猫在正常自然状态下进行秤体重、听诊、肌肉注射避免病毒性急性感染、作心电检查、静脉采血、接受输液以及各种游戏活动。有些专业人士认为，这项成果已经达到了国内外的先进水平，也为今后进一步研究大熊猫的生态、行为、生理、生化、病理等奠定了良好基础。近几年，人工繁殖大熊猫的研究工作也取得了成果，并开始应用于社会主义建设和科学理论研究。

以保护珍稀动物大熊猫为主的自然保护区，除了卧龙自然保护区外，还有四川省境内的王朗自然保护区、唐家河自然保护区、马边大风顶自然保护区、美姑大风顶自然保护区、蜂桶寨自然保护区、小寨子沟自然保护区以及陕西省境内的佛坪自然保护区和甘肃省的白水江自然保护区。这些保护区与卧龙自然保护区有着许多共同的自然特性，集中分布于川、陕、甘三省交界亚热带地区的一条狭长地带，与卧龙自然保护区联合起来成为中国保护和研究大熊猫的中心。

水生生物的保护

在中国辽阔的土地上，江河纵横交错，湖泊星罗棋布，内陆水体面积约占全国总面积的1/50，水生生物资源异常丰富。

但是由于不择手段地滥捕，人类活动造成对环境的破坏，工业废水造成的水体污染，以及无计划放养造成的区系的改变，中国水生动物资源的破坏已达到十分严重的地步，以至于相当数量的珍稀种类濒临灭绝。

以世界罕见的淡水鲸——白鳍豚为例，它是一种哺乳动物，是现今世界上仅存的5种淡水鲸中的一种，为中国的特产。

白鳍豚主要以鱼虾为食，由于它是一种古老的孑遗动物，对环境变化的适应能力较弱，一般水位的降落或食饵的减少都可能影响它的种群趋向衰退，因此对于白鳍豚的保护愈感迫切。近年来因个别白鳍豚游至浅水中而被捕获，已作为科研材料，对进一步研究其习性，以便进行人工饲养都极为有利。

目前，湖北省的新螺自然保护区为保护白鳍豚的自然保护区，对于它重要的科研价值已逐渐被重视，现在中国科学院武汉水生生物研究所驯养的一头雄性未成年的白鳍豚已有数年，生活正常，有希望在家养状态下进行繁殖。

值得注意的是，中国特有的淡水生物种类很多，仅鱼类就有四百种，且多数都具有经济价值，其中像白鲟、四川哲罗鱼、胭脂鱼、团头鲂、松江鲈、大理裂腹鱼、花鳗和香鱼等的珍稀种类，都遭到了严重破坏，有的甚至已经濒临灭绝。现在只有黑龙江省的呼玛河和逊别拉河两个自然保护区明确为保护大马哈鱼和鳇鱼的保护区，但是仅这两个保护区不能满足中国对鱼类资源的保护，因此建议在下列两个地区建立自然保护区：

1.长江中下游通江湖泊保护区

该保护区与保护长江鱼类产卵场配合，可以保护青、草、鲢、团头鲂等养殖种类的天然种群，以保持养殖对象的天然基因库，同时保护鳊鲌类、鲴类、鯮鱼、鳡鱼、鳤鱼、铜鱼及某些鮈亚科和鳑鲏亚科的小型鱼类及鳜鱼等。这样长江中下游淡水鱼类区系的基本状态就可以保持，水生生态系统的研究工作也可以开展。长江中下游鱼类在世界淡水鱼类中具有特殊性和重要的经济意义，这个保护区应当尽快建立。

动物小知识

中华白海豚是世界范围内最为濒危的一类海洋生物，也是中国海洋鲸豚中唯一的国家一级保护动物，被誉为“海上国宝”。

2.云南高原湖泊鱼类自然保护区

云南高原湖泊鱼类区系的类元简单，物种分化复杂。仅鲤鱼一个属，全国各地都是一个种，在云南湖泊中却分化出12种和亚种，且都是特有种，这些都是研究遗传规律的好材料。此外，湖泊中还有裂腹鱼类、鲍类的特有种。目前，因为不恰当地引种放养，该地区的自然生态系统已经瓦解，特有的地方种逐渐消失，因此必须迅速采取保护措施。

仅建立这两个保护区也还是无法解决淡水生物资源保护问题的，但目前也不可能立即建立很多的保护区。因此，在已经建立的野生动物自然保护区，应当同时将该区的水生生物保护起来，或者引进并保护一些珍贵水生生物。例如东北长白山自然保护区可以兼顾保护鲑鳟鱼类及其他冷水性鱼类，川西大熊猫和金丝猴自然保护区可以注意同时保护四川哲罗鱼和一些裂腹鱼类。

鸟类的保护地

世界上现存的鸟类约9021种，中国就拥有1186种，超过整个欧洲和北美的总数，居世界各国之首位，而且还有不少特产种类及世界上珍贵稀有的种类，它们在科学研究上具有特殊重要的意义。

作为自然界的一员，鸟类在生态系统食物链上通常是处于消费者地位的。鸟类的食性复杂，分布广泛，活动迅速，因此它们可以在生态系统中处于不同的营养级。它们有时会吃掉粮食、树木的种子，导致农田的减产和森林更新的困难；但同时又可以传播种子，消灭害虫，起传播和清洁大自然的作用。据报道：啄木鸟能消灭果园中52%的越冬幼虫，64% ~ 82%的农田越冬玉米

螟幼虫。黑龙江带岭林场招引益鸟消灭松毛虫，将越冬虫口密度由每株10只降到1只。还有一些鸟类以鼠类为食，帮助人类消灭了大害。

鸟类的经济价值还有很多。不少鸟的羽毛颜色艳丽，常常作为装饰及工艺品；还有一些鸟或鸣声婉转动听，或形态优美，因而成为观赏鸟类。

同其他生物一样，鸟类也与外界环境保持着互相依存、彼此制约的关系。一方面，鸟类可以帮大自然消除废物；另一方面，鸟类又需要以外界环境为栖息地和食物来源。因此，一旦鸟类的生活基地受到人为或其他因素的破坏，它们的繁殖就直接受到影响，甚至会导致某些种类的灭绝。

扎龙：鹤的福地

全世界共有闻名中外的鹤类15种，中国有9种，约占一半以上，其中以丹顶鹤最为名贵。这是一种颈部、脚、嘴伸长而尾部很短的大涉禽，高达1.2米左右，主要在中国黑龙江省、俄罗斯西伯利亚、朝鲜和日本北海道一带生活繁殖。

丹顶鹤从古到今都是文人雅士所追捧的高贵禽鸟，人们对它钟爱不已，那黑色的羽翼加在洁白如玉的身体上，真是一派清新，丹顶鹤一名来自头顶朱红色的桂冠。这种鸟类体态婀娜，身体矫捷，步履轻盈、恬静潇洒地漫步在水塘边；轻逸缥缈、高雅圣洁地飞翔于高空中，仿佛是仙境苍穹中仙人们的坐骑，所以又有“仙鹤”的美称。在日本，丹顶鹤被视为“沼泽之神”而受到供奉。许多国家因为丹顶鹤数量稀少、观赏价值高而把它列为濒危保护的物种，在中国，丹顶鹤也是国家一级保护动物。黑龙江省扎龙自然保护区就是中外闻名的丹顶鹤之乡，吉林的英莫格自然保护区和向海自然保护区中也有大量丹顶鹤栖息。

扎龙自然保护区成立于1976年，位于中国东北松嫩平原外围的栎林草原地区，面积大约有2100平方千米。松嫩平原上由于辽河日久月累的冲刷而异常肥沃，那里密布河道，右岸分出支绰尔河、流雅鲁河、洮儿河等；左岸分流出有乌裕尔河、双阳河、讷谟尔河等，纵贯南北的是嫩江的干流。其中有两条无尾河：乌裕尔河及双阳河，河流尾部散流形成大面积沼泽、湖泊和草地，是丹顶鹤等水禽适宜的自然栖息地。远看是一片汪洋的沼泽地，禾本科和莎草科植物密密麻麻地生长着，虽然没有娇艳的花瓣，看上去只有零星几朵小花和双子叶植物，初来时觉得这里实在单调乏味，但如果细细欣赏，就会发现这里连草甸都有各种类型，按照其建群种的差异，可以把这里的草甸大致分为野古草、牛鞭草、拂子茅、小叶章沼泽、针蔺与三棱草草甸，沼泽可以分为芦苇沼泽和塔头苔草沼泽，实在别有一番情趣。

芦苇沼泽和塔头苔草沼泽是丹顶鹤的主要栖息地。在芦苇沼泽中，高达1～3米的芦苇挺立于水中密密麻麻，人类很难进入，从而为丹顶鹤及其他水禽的生存和繁衍创造了条件。

在芦苇沼泽中，还有稗、水葱、藤草以及水生植物狐尾藻等伴生其间。尤其是香蒲，虽然这种香蒲科的植物没有娇艳欲滴的花瓣，但确有特殊呈密集穗状的花穗，在枝顶，有的雄花序和雌花序紧紧连接在一起亲密接触，有的却害羞地隔着一些距离，望过去有的像一根水中的蜡烛，所以又叫水烛；有的却像平地里的一根棒槌。“蒲黄”是一种常用的中药，它其实就是香蒲的花药，雌花成为“蒲绒”，常被填充物塞进枕头里，它的用途非常广泛，还可以用枝叶来编造器。

塔头苔草沼泽地的表面看上去像一个个塔头高高凸起，这是植物残体经过常年累月风化而没有分解所积累形成的，这些凸起的塔头之间有一片积水的沼泽，每个斑块状的塔头上都生长着植物，以莎草科为主要居住成员，草丛非常厚实，人虽然能在

上面站立，但很难从草丛中通行，而且稍有不慎可能就会陷入沼泽之中。陆生动物难以在这种艰难的环境中生存。因此除了丹顶鹤和一些水禽时不时发出几声鸣叫，这里的天空和水泽通常显得有些僻静和冷清。

丹顶鹤是一种候鸟，每年春季大概四五月才从南方飞来，九十月间的深秋季节里又结队南飞，这种规律的南北迁徙行程千万年间都在丹顶鹤的族群中进行着。它们的家族内部极其友爱。雌雄配对后，双方共同寻找材料，在芦苇或草甸中筑巢，开始孕育新生命。

亲鸟是当地人对丹顶鹤的称呼，雌鸟交配产卵后30 ~ 40天的漫长孵化期中，雄鸟会自居地为它守卫家园，严防天敌的侵扰，让雌鸟一心一意的孵卵。雏鸟出生后，雌鸟和雄鸟会轮流抚育，教会它们游泳、飞翔和觅食的技能，丹顶鹤目光尖锐和鸟喙锋利，即使老鹰来犯也毫不退缩，还能刺穿狗和狐狸的身体。幼鸟在父母的羽翼庇护下非常安全，成长迅速，它们要经过好几年才会离开双亲自己生活，然后寻求配偶，开始和自己父母一样的家庭生活。一对丹顶鹤交配后，每次产卵仅1 ~ 2枚，这是丹顶鹤数量稀少濒危的原因之一。

动物小知识

丹顶鹤的食性广泛，除喜食多汁性的植物草类、果实、种子外，也常捕食鼠类、鱼、虾、昆虫、蛙等动物，食后总是不停地用嘴梳理各个部位的羽毛，全身始终保持光亮洁白。

丹顶鹤是动物界中出名的天才舞者，那优美的舞姿连人类也想模仿，人们将它们的舞姿取名为“鹤舞”。雄鹤在求偶时，常在雌鹤周围翩翩起舞，挥动着羽翼以求赢得雌鸟的芳心。丹顶鹤配对后，如果一方受伤，另一方便不吃不喝、终日守护在受伤的伴侣身旁，直到对方死亡，它才哀鸣着徘徊不忍离去。有人说这只失去伴侣的丹顶鹤便终生落单、不再另觅新欢，这可能是丹顶鹤濒危的另一原因。一对丹顶鹤在结成配偶后，要共同生活60多年，所以它在人类眼中又是“长寿”的象征。中国古代成语中的“松鹤延年”出处大概缘于此。丹顶鹤的这种特殊家族性在整个自然世界中都是比较高级的，和人类较为相似。

扎龙自然保护区的鹤类中，除濒危的丹顶鹤外，还有白鹤、白枕鹤、白头鹤、灰鹤和秀鹤五种。水禽共有200多种，其中大部分是国家一、二级重点保护的野生动物。为了使这些珍贵物种在保护区内生存繁衍，科学家们进行了人工驯养丹顶鹤实验，到目前已经小有收获。人工驯养的丹顶鹤能够按照驯养员的指令外出野游或返回饲养地，习性也有所改变，冬季不再南飞而留居保护区。这是对研究野生候鸟迁徙生活的支配因素的一次重大发现。

爬行动物保护区

一、神秘的蛇岛自然保护区

蛇岛是中国渤海湾大连市西一个高出海面仅215米的小岛。它的面积为1.7万公顷，栖息着5万条左右的蝮蛇，因此它早已闻名于世。1963年中国在这里建立了蛇岛自然保护区。

蛇岛周围环海，气候温和，年降水量600毫米，湿度较大，属于暖温带半湿润和湿润季风气候，为繁茂的植物生长创造了优越的条件。

不大的小岛上密密麻麻地生长着各种植物，光是被子植物就有180多种，而且数量极多，覆盖了岛上70%以上的陆地。这里的绝大部分植物和我国华

北地区的植物种类相同，但和大陆上的同类植物相比，又有自己的特点。例如，桑树、槭树、栾树、大果榆等在我国北方地区多呈乔木，在蛇岛生长却是灌木。原因就是这里四面环海，风浪强袭，高大的乔木受到海风的侵袭不容易生存，经过长期的自然进化，它们缩短了自己的身躯来适应海岛的特殊环境，最终得以在蛇岛繁衍。这些灌木就是蝮蛇的主要栖息地。它们常把身体伪装成树枝，盘旋或缠绕在树干上，去迷惑天敌和捕食其他动物，这就是自然界中很多动物具有的特殊本领——拟态。蝮蛇便是这样盘在树上，等待时机抓捕飞过的小鸟等动物作美餐。

除了灌状的特殊小乔木之外，蝮蛇还能藏身在岛上密集的灌木丛和草丛之中。蛇岛上最为醒目的花卉要数金雀锦鸡儿，这是一种在早春开花的植物，花朵呈红黄色，十分美丽，在绿色的草地上盛开，远远看去就像一团团火把在燃烧。草本植物中，禾本科的大油芒、芦苇、芒以及中井隐子草等高大的草类较为常见。另外，随处可见的是花色各异的双子叶草本植物，它们一般在盛夏时节里争奇斗艳，这时蛇岛一片景色宜人。黄花菜那金黄色的喇叭花，在晒干后就是可以食用的金针菜；开着蓝紫色钟状花的桔梗就像草丛中悬着的一串串风铃，惹人怜爱；东北羊角芹开花后就像一把把撑开的白色阳伞，看了好不喜欢。在灌丛中分布的是蓟蛇葡萄、野葛、爬山虎、牵牛花、蝙蝠葛、穿龙薯蓣等藤本植物和攀援植物，它们依附在别的植物上，有些爬上树梢，有些游走在地面上，参差不齐，像一张张紧罗密布的网，给蛇岛上的野生动物提供了避暑纳凉的好去处。

动物小知识

蛇岛是在特定的地理环境下，经过长期的自然变化而形成的。从蛇岛的岩层、岩相分析大约在10亿年以前。蛇岛和辽东半岛连在一起，在距今1亿年前的中生代燕山运动以及后来距今1~2千万年前的喜马拉雅造山运动中产生了辽河断裂，渤海下陷。蛇岛在这个阶段由被挤压的巨石在渤海中形成。

在蛇岛，秋高气爽的时节虽然不长，但却是蝮蛇忙碌的季节，它们需要在这段时间里捕食足够的食物，以备冬眠。此时，恰好有大量的候鸟飞往南方过冬，它们路经蛇岛，便在此停留休息或觅食，岛上鸟类的数量剧增。因此，常常可以看到一株树上栖息几条至几十条蝮蛇，等候鸟停留在树上便一举捕食。这时的蝮蛇一天能吞食若干只小鸟，有时甚至能吞食比它头部大得多的鸟，食量极大，但消化速度很慢。冬天一旦降临，蝮蛇便带着饱餐的身躯，钻到洞穴或其他安全避风的沟谷中，开始一年一度的冬眠。

人迹罕至的蛇岛，由于有繁多的鸟类栖息，蝮蛇因为能捕食鸟类而得到生存和繁衍，而那些不能捕食小鸟的蛇类则因为缺少其他食物逐渐被淘汰。除此之外，蝮蛇还捕食蜈蚣及其他节肢动物。虽然它自己也会遇到天敌——老鹰和海猫（一种海鸟），但它能用自己的毒汁与天敌进行斗争，这就是蛇岛上蛇的种类少但是蝮蛇却种群兴旺的原因。

蝮蛇是一种具有重要医药价值的毒蛇。在我国，中医很早就知道用毒蛇治病；目前世界上许多国家都能用毒蛇提炼麻醉药、止血药、止痛药等。中国每年出口的活蛇、蛇酒以及用蛇皮、蛇胆制作的各种成药很多，也远销国外，所以蝮蛇也是一种宝贵的动物资源。近几年来，随着蛇岛奥秘的揭开，人们对蝮蛇的利用日益增加，蛇岛蝮蛇数量不断减少。因此，建立自然保护区为保存和发展岛上的动植物资源提供了有利条件。

蛇岛不仅以其丰富的动物和特殊的生态环境为中国研究两栖、爬行动物及鸟类动物的生态学和生物学特性提供了科研基地，同时，如把岛上的动植物区系的种类与大陆进行比较，对于阐明动植物区系的进化和陆地在海中的沉降，也能提供重要的线索。

从20世纪50年代起，不少单位的科学工作者曾先后几次登岛，对蛇岛的自然条件、动植物资源以及蝮蛇的生态学和生物学特性作过多次科学考察及研究，这些研究成果对于蛇岛自然保护区的建设和发展都有着重要的意义。

二、古老的爬行动物扬子鳄自然保护区

在长江中下游生活着一种爬行动物扬子鳄，这是中国特产的一种珍稀动物，在动物分类学上属钝吻鳄科，目前只有两个种还生存在世界上，另一种就是扬子鳄的近亲、远隔重洋的美洲密西西比河鳄，也是世界珍稀的动物。中国把扬子鳄列为国家一级保护动物。

世界上已经开始重视对鳄类的保护，特别是鳄类的学术研究价值。古生物学家认为，鳄类是一种古老的爬行动物，它们是中生代早期出现的恐龙的近亲。因此，研究鳄类的生态地理分布、生活习性及生物学特性，对探索古地理学以及恐龙的生态和胚胎发育，有重要的作用。但是，长期以来，鳄鱼都是被当做有害动物，因而遭到大量捕杀，数量急剧下降，有些种类已经绝灭，扬子鳄也已经到了绝灭的边缘，20世纪60年代也许还能捕到50千克以上的大鳄，如今，即使一头10千克左右的小鳄也是很少见的了。

扬子鳄的老家，原是在长江中下游的安徽、江苏和浙江三省毗连的低山丘陵水域。随着扬子鳄数量的急剧下降，现在仅在安徽省南部的广德、南陵、宣城一带的低山丘陵间浅水塘中还有分布。为尽快挽救扬子鳄这一濒危的珍稀动物，现在已经在安徽境内扬子鳄尚能自由生存的水域地区，先后建立了中国两个面积约43平方千米的扬子鳄自然保护区；近年来，对扬子鳄的饲养与繁殖、扩大扬子鳄的种源与增加数量等问题也得到了深入的研究。

第五章

保护动物从我做起

我们常说“动物是人类的朋友”，可是，人类是否将动物当朋友看待呢？人人都在为保护动物献出自己的一份力量，而偏偏有那么一部分人，总在疯狂地捕杀野生动物。难道我们对动物做出的“承诺”失效了吗？难道我们都不去想想这样做的严重后果吗？不要再不择手段地伤害危在旦夕的野生动物了，生态灾难不能重演！让我们为保护动物而行动起来吧！

保护动物就是保护我们自己

环境问题给人类带来的灾难已经使人类认识到人与环境、人与动物是一体的，环境的良性循环、物种的自然繁衍都影响到人类社会的正常发展，人与自然、人与动物应当和谐相处，因此，保护动物就是保护人类自己。

由于人类的破坏与栖息地的丧失等因素，地球上濒临灭绝生物的比例正在以惊人的速度增长。那么导致物种灭绝都有哪些因素呢？

一、生境丧失、退化与破碎

人类能在短期内把山头削平、令河流改道，百年内使全球森林减少一半，

这种毁灭性的干预导致的环境突变，导致许多物种失去相依为命、赖以为生的家，沦落到灭绝的境地，而且这种事态仍在持续着。

二、过度开发

在濒临灭绝的脊椎动物中，许多野生动物因为“皮可穿、毛可用、肉可食、器官可入药”而成为开发利用对象，更因此遭灭顶之灾。象的牙、犀的角、虎的皮、熊的胆、鸟的羽、海龟的蛋、海豹的油、藏羚羊的绒等，更多的是野生动物的肉。这些都成为人类待价而沽的商品。为了食用鲸油和生产宠物食品，大肆捕杀地球上最大的动物——鲸；为品尝鱼翅这道所谓的美食，残忍地将鲨这种已进化4亿年之久的软骨鱼类割鳍并抛弃。为了满足自己的边际利益（时尚、炫耀、取乐、口腹之欲），人类残忍地剥夺了野生动物的生命；为了取得野生物种的商业利益，往往造成“商业性灭绝”。

三、环境污染

人类为了经济目的，急功近利地向自然界施放有毒物质的行为不胜枚举：化工产品、汽车尾气、工业废水、有毒金属、原油泄漏、固体垃圾、去污剂、制冷剂、防腐剂、水体污染、酸雨、温室效应等，甚至海洋中军事及船舶的噪音污染都在干扰着海洋动物的通讯行为和取食能力。

目前对环境质量高度敏感的两栖爬行动物正大范围的消逝。温度的增高、紫外光的强化、栖息地的分割、化学物质横溢，已使蝉噪蛙鸣成为曾经的记忆。与其他因素不同，污染对物种的影响是微妙的、积累的、慢性的致生物于死地的“软刀子”，危害程度与生境丧失不相上下。

以上原因使许多动物物种灭绝或濒临灭绝，保护动物成为人类迫在眉睫的大事。为了我们美好的家园，一起努力来保护动物吧！

拒绝皮草，保护动物

提起皮草，你是否就想起了貂皮大衣、狐裘大衣，你是否也曾觉得穿上这种衣服是一种身份的象征？

人类自原始时期，就会以猎得的动物的毛皮制成衣服来避寒。到了现代，皮草成为一种财富的象征之一。随之带来的就是皮草贸易。可是你曾想过这预示着什么吗，预示着许多的野生动物将面临人类的捕杀。

在中国这个野生动物消费大国，每年都有大量的野生动物因为旅游纪念品和皮草的消费而丧命，不仅国内的物种，甚至许多在异国的生命也深受其害。比如每年都有些雪豹皮从蒙古运往中国，而那里总的野外种群却少之又少。在野生动物消费中，皮草是很大的一类，许多爱美的女士会购买“尊贵”象征的皮草制品，但这些皮草是以大量野生动物的生命为代价。例如，一条昂贵的藏羚羊“沙图什”披肩的肩的背后有五头藏羚羊的死亡。

动物小知识

因为皮草贸易使许多动物遭到人类的捕杀，在饲养用于取皮的动物时，由于技术落后采用的饲养和杀戮方式可能使动物遭受很大的痛苦，因此皮草贸易和消费也是为保护动物所应反对的。

现在，你是否还有心穿上你的貂皮大衣，你是否还梦想着买一件狐裘大衣呢？

那么，我们该怎样努力呢？

对于我们个人来说，别的衣服也可以很保暖同时也很漂亮，没有必要使用野生动物的皮毛。在新的时代需要认识到什么是美，野生动物活着，在它们自己的家园繁育，而且也给我们精神上带来这种愉悦，就是最美的，而不是把它们穿戴在身上或者摆在家里。

对于国家来说，法律应该更加细则化，对各种相关非法行为要采用各种手段严惩不贷，让每个人在了解到，这些行为不仅违法，更是一种耻辱。同时，在文化层面上，要改变我们中华民族在文化中的一些在现代观念看来是缺乏道德层面的东西，比如食用野生动物，用虎骨、熊胆入药等。

面对皮草贸易，我们应该怎么做呢？都市中的成年人是非法野生动物消费的主要人群，但同时，也需要在儿童中普及野生动物保护的观念。制造英雄也可以成为保护野生动物的途径之一，比如可以像藏羚羊的保护事件一样，通过影视、通过媒体的宣传，吸引公众让大家眼光跟着英雄走。

不参与非法买卖野生动物

现在许多人把食用野生动物作为自己一种身份的象征，或者是出于好奇等原因。你是否曾经也有过这种想食用野生动物的想法呢？如果你知道野生动物对于我们人类的作用，如果你有一颗善良的心，我想即使你曾有过这种想法，现在也会改变的。

我们都知道大量捕食野生动物，必然会对自然生态的平衡造成严重破坏。野生动物是大自然的产物，自然界是由许多复杂的生态系统构成的。有一种植物消失了，以这种植物为食的昆虫就会消失。某种昆虫没有了，捕食这种昆虫的鸟类将会饿死；鸟类的死亡又会对其他动物产生影响。所以，大规模野

生动物毁灭会引起一系列连锁反应，产生严重后果。野生动物是我们人类生活中一道独特的风景，也是我们人类的朋友、邻居。野生动物都消失了，那么留给我们人类的只有孤独和忏悔。

近年来，不时发生非法购买、贩卖国家保护的野生动物的案件，尤其以鸟类居多。有时我们会在菜市场看到有些不法商贩公开买卖大雁、野鸡、青蛙、麻雀、野兔等野生动物，却没有人管理制止。野生动物的买卖行为为什么会出现呢？一方面是人们自己不知道这是违法行为，另一方面国家在这方面的管理力度还不够。

为减少此类案例的发生，我们国家的有关部门经常在山区和林区加大保护野生动物的法规宣传，以案释法，对广大村民进行普法教育，告诫他们千万不可猎捕、杀害、收购、运输、出售国家保护的野生动物，以此提高农民保护野生动物的意识，让悲哀不再重现。

而作为我们个人，首先就是自己要做到不参与，并向身边的人们宣传保护野生动物这方面的知识，使大家都有保护野生动物的意识。

保护湿地，不要侵占动物的家园

湿地包括沼泽、泥炭地、湿草甸、浅水沼泽、高原咸水湖泊、盐沼和海岸滩涂等类型，其中，除了作为许多濒危特有野生动植物的栖息地之外，它们还是迁徙鸟类，包括许多全球性受威胁物种的重要停歇地和繁殖地。

对动物最好的保护就是不干扰它们的自由生活。然而，由于社会经济的发展和人类活动的侵扰，地球上许多地区的水文格局发生了变化，湿地萎缩，水鸟栖息地面积减少。人们在鸟岛上建村庄，侵占了野生动物的家园。

尽管经过多年保护，丹顶鹤的数量回升仍很缓慢，在世界范围内仍处濒危甚至极度濒危状态。因此，我们呼吁人们要停止破坏湿地和破坏水文格局

的行为，停止捕捞湿地中的野生鱼类，给水鸟留下足够的食物。

多年来，我国试图在北起黑龙江扎龙、南至江苏盐城，途经吉林向海、辽河入海口、黄河入海口、洪泽湖等丹顶鹤迁徙路线上的停歇地逐个建立自然保护区，现已初步形成了保护网络。

动物小知识

按照广义定义湿地覆盖地球表面仅有6%，却为地球上20%的已知物种提供了生存环境，具有不可替代的生态功能，因此享有“地球之肾”的美誉。

湿地保护应该采取哪些措施呢？

湿地包含许多资源，这些分属不同的部门管理，如林业、农业、渔业、牧业、水利、环保等。湿地资源保护事业兴衰成败的关键，在于如何协调好这些部门的关系。因此，各级林业部门应加强部门之间的联系与协调，努力在湿地资源的保护问题上达成共识，采取协调一致、多管齐下的管理方法，通过植树造林、退田还湖、修筑工程等综合措施进行预防和保护。

湿地周边群众行为直接影响到湿地资源的存在。社会各界都应当积极创造条件，向湿地周边群众宣传湿地的效益、功能、价值，宣传湿地对他们及其子孙后代的生存影响，以部分有代表性的湿地作为开发示范点，探索合理利用湿地的有效途径和方法，采取“参与式”的管理方法，使周边群众与湿地融洽相处。值得注意的是，湿地一旦划归保护，便会存在保护与利用的矛盾，这对矛盾处理不好反而会激化矛盾，甚至造成更严重的破坏。因此，因湿地保护而产生的周边群众经济补偿问题的解决显得十分重要。

拒绝滥食野生动物

很多年前的南方沿海一带河流纵横，雨量充沛，林丰草茂，飞禽走兽也很多，这使当地居民形成了食野味的习惯，并在食谱中形成了一个菜系。由于传统的饮食观念根深蒂固，这些地区的人吃野生动物现象确实较全国其他地区普遍。可是现在，这些都必须引起我们的注意了，这些习惯必须要改正了。

滥食野生动物对人体会有危害，更会对野生动物资源和整个生态环境造成极大的破坏，甚至导致整个生物链的崩溃。假使不认真对待野生动物危机

的话，许多中型和大型稀有野生动物以及珍稀鸟类将会灭绝。当代中国面临越来越严峻的野生物种濒临灭绝的危险。过去南方常见的穿山甲，今天已经罕见；大兴安岭的花尾锦鸡，近几年也急剧减少；各地的蛇、猫头鹰被大量捕杀，造成生态失衡，鼠害横行，粮食减产。人们将再也享受不到昔日夏夜稻田蛙声一片的田园趣味，也无缘见到曾栖息出没于市郊的猫头鹰、啄木鸟。珍贵的国家二级野生保护动物镰翅鸡曾出现在我国东北境内，但当地山民一直拿它当成山鸡打牙祭。2000年，当地动物专家多年寻找未果后遗憾地宣布，这个物种在中国境内永久灭亡了。

一种生物往往同时与10 ~ 30种其他生物相共存，某一种生物的灭绝都会引起严重的连锁反应，这种连锁式的生物物种灭绝危机正在威胁着人类的生存基础。野生动物作为自然生态系统中的重要组成部分，是一种宝贵的资源，具有独特的科学文化价值。

动物小知识

千万不可滥食野生动物，否则，健康将会受到危害，同时，还会受到道德的谴责和法律的惩罚。野生动物是人类的朋友，是大自然生物链中的重要一环，同时作为地球村不可或缺的一部分，野生动物也是地球村的公民之一。

可是，现在人们并没有意识到这些。有些富人为了炫耀自己的经济实力或向来宾显示自己的诚意，常常违法消费野生动物，如穿山甲、五爪金龙(巨蜥)、娃娃鱼、猫头鹰等。而其他人则吃诸如野猪、竹鼠、禾花雀、蜥蜴、鸟类、猴子、猫等售价不是很贵的野生生物。简言之：天上飞的除了飞机，地上有腿的除了桌子，什么都能吃。

目前，国家对许多野生动物给予了法律上的保护，但这种保护意识在社会上还比较薄弱，在部分人身上，滥食野生动物的陋习仍旧根深蒂固。这些人导致了野生动物消费市场的存在，客观上助长了猎杀、贩卖野生动物行为的气焰。说到底，这些人滥食野生动物，只是在于满足畸形的好奇心，在于享受和炫耀，以此为有身份、有脸面、高人一等的标志。当然，也有出于好奇心理，好奇图新鲜儿不顾后果吃一口的人。

面对这种情况，我们必须呼吁：“人们应改变不良饮食习惯，与野味告别，从自身健康和保护野生动物资源的角度，不要食用野生动物，要营造一个人与自然和谐相处的环境。”

对当前滥食野生动物的陋习我们绝不可忽视，如不加以重视最终会影响到人类的生存，保护野生动物资源其实就是保护人类自身的生存环境。

保护野生动物、保护生态环境，我们应该、也可以做得更多。

不制作、不购买动植物标本

标本采集制作是从欧洲文艺复兴时期兴盛起来的一种认识生物、鉴别物种的手段，在生物学的研究、教学中有重要作用。在自然生境完好、少数研究者只为研究目的采集标本时，对认识自然有益，也构不成对自然的破坏。

现今，自然平衡相当脆弱，大自然成了需要人类保护的对象，再随意采集标本，自然界难以承受。我国是北半球生物多样性最为丰富的国家。由于人口持续增加和工农业生产的发展等原因，野生动植物资源遭到严重破坏。一些野生动植物因生存环境恶化，数量锐减甚至濒临灭绝。在这种自然环境状况下，再随意采集标本，不仅对野生动植物是一种威胁，对自然生态环境也会造成破坏。

动物小知识

近年来，许多学生在野外实习时随意大量捕鸟、扣蝶、拔草、采花等，对研究对象构成了破坏。另外，一些商人以赚钱为目的，希望每个学校都建标本室，以做其标本生意。把活的野生动植物弄成死的，使无价之宝变成有价之货，这对野生动物来说也是一种灾难。

对于21世纪的人们来说，追求绿色生活是一种新时尚，鉴于动物资源的日益缺乏，我们应该认识到标本制作仅仅是认识自然的一种手段，而非目的。既然来到野外，就应当就地识别或拍照，看标本远不如看活体效果好。另外，想观摩动植物标本，一些大博物馆、动物园有制作现成的标本，

且都栩栩如生。

现在，不少人喜欢在装饰家庭时摆上野生动物的标本。传统的动物标本制作方法是要用砒霜的。制作时，为了防腐，首先要在动物的皮内抹上砒霜；为了防止变形，还要定期用防腐药熏蒸。砒霜是挥发性的药物，也许短时间不会有什么感觉，但放的时间久了，就会散发出难闻的气味，而这些气味会导致人体的各种不良反应，严重者会罹患其他疾病。目前，国内绝大部分标本仍采用传统方法制作，所以非常不适合家庭摆放。

作为追求时尚生活的一族，追求房屋装饰的时尚无可厚非，但装饰得再华丽再时尚的房屋也是为了住得舒服，也必须为自身的健康考虑，所以还是远离动物标本这种慢性的毒药为妙。想要装饰房屋，做房屋装饰的时尚一族，可以选用市场上既环保又美观的装饰品进行装饰。

给鸟儿一个洁净的家园

蓝天是鸟类飞翔的地方，可是我们的天空却由于大气的污染变得越来越不洁净，致使许多鸟类死亡。

在德黑兰地区，由于空气污染日益严重，当地的野生鸟类种类和数量正在大幅度下降。

近些年来，有超过一半的鸟类种群已经从德黑兰迁徙到别的区域。在大城市里，大量的建筑工地、噪音还有燃料、交通工具都会造成污染，还有诸如电磁污染等其他污染，所以鸟类已经开始迁移到别的地方。如果你知道这

里过去飞翔在身边的鸟儿的数量，再看看现在，你就不得不承认鸟类的数量确实已经大幅减少了。

在德黑兰地区，空气污染已经成为野生鸟类数量减少的主要原因之一。其中各种交通工具是造成污染的最大源头。其实，这类的事件不仅仅在德黑兰发生，其他地区也有，那么怎样才能避免这类鸟类死亡的事件发生呢？那就是避免大气污染。

凡是能使空气质量变坏的物质都是大气污染物。有自然因素（如森林火灾、火山爆发等）和人为因素（如工业废气、生活燃煤、汽车尾气、核爆炸等）两种，且以后者为主，尤其是工业生产和交通运输所造成的。主要过程由污染源排放、大气传播、人与物受害这三个环节所构成。

动物小知识

树林没了，它们失去了家园。在笼中，它们失去了自由和天空。它们已失去了原本属于它们的许多东西，请不要再夺去它们的生命和飞翔的权利，因为那是鸟儿们最后的一切和希望。

大气中的有害物质越多，浓度越高，空气污染就越重，危害也就越大。污染物在大气中的浓度取决于排放的总量，并同排放源高度、气象和地形等因素有关。污染物一进入大气就会稀释并且扩散。风越大，大气流动越大，大气也越不稳定，污染物的稀释和扩散就越快；反之则慢。降水可以净化大气，但是因为污染物会随着雨雪而降落，大气污染又会转变成水污染和土壤污染。烟气运动时，遇到丘陵和山地会在迎风面下沉，从而引起附近地区的污染；烟气如果越过丘陵，则会在背风面出现涡流，污染物的聚集也会造成严重污染。在山间谷地和盆地地区，烟气不容易扩散，因此常常在谷地和坡地上回旋；特别是在背风坡，气流作螺旋运动，污染物也最容易聚集，有害物质的浓度更高。晚上，由于谷底平静，冷空气下沉，暖空气上升，容易出现逆温，整个谷地在逆温层的覆盖下，烟气更不容易散去，也更容易形成严重污染。

面对大气污染我们可以采取哪些措施呢?

增加绿化。植物除了可以美化环境之外，还具有调节气候，阻挡、滤除和吸附灰尘，吸收大气中的有害气体等的功能。加强对居住区内局部污染源的监管和治理。饭馆、公共浴室等的烟囱、废品堆放处、垃圾箱等处，都能散发有害气体，这些气体不仅污染大气，还会影响室内的空气，卫生部门应配合有关部门加强管理。减少燃煤污染，治理交通运输工具的废气，控制汽车废气排放。解决汽车尾气问题一般常采用安装汽车催化转化器，使燃料充分燃烧，减少有害物质的排放。采用有效控制私人轿车的发展、扩大地铁的运输范围和能力、使用绿色公共汽车（采用液化石油气和压缩燃气）等环保车辆，也是解决环境污染的有效途径。

让蓝色海洋重回身边

随着人们生活水平的提高，人为的破坏也在加剧，其中人造垃圾也正威胁世界各个海洋，伤害着水中的鱼儿，对海洋造成巨大压力。

海洋污染，有很多种类，它们对海洋动物造成了不同程度的危害。它们的来源主要是工厂废弃物、农药污染、生活污水排放、塑料垃圾等。

农药污染也是沿海污染的重要来源，含汞、铜等重金属的农药和有机磷农药、有机氯农药等，毒性都很强。它们经雨水的冲刷、河流及大气的搬运最终进入海洋，能抑制海藻的光合作用，使鱼、贝类的繁殖力衰退，降低海洋生产力，导致海洋生态失调。

大规模的油污染导致大量生物因缺氧而死亡。油膜和油块能黏住大量幼

鱼和鱼卵，使其死亡。对海洋环境的破坏，还有日常生活里的塑料袋、油料包装袋、农药，以至香烟头等，绝不可低估它们的破坏。

沿海居民生活污水的排放也对海洋环境构成严重威胁。生活污水中含有大量有机物和营养盐，可引起海水中某些浮游生物急剧繁殖，大量消耗海水中的溶解氧。海水中氧气含量减少会使鱼、贝类等生物大量死亡。

许多人认为，内陆地区和海洋没什么关系。而实际上，内陆的污染物会通过江河径流、大气扩散和雨雪沉降而进入海洋，可以说，海洋是陆上一切污染物的“垃圾场”。

动物小知识

仅仅是太平洋上的海洋垃圾就已达300多万平方千米，超过了印度的国土面积。在太平洋上形成了一个面积有德克萨斯州那么大的以塑料为主的“海洋垃圾带”。如果不采取措施，海洋将无法负荷，而人类也将无法生存。

废弃的渔网是海洋中最大的塑料垃圾，它们有的长达几英里，被渔民们称为“鬼网”。洋流常使这些渔网绞在一起，形成“死亡陷阱”，它们每年缠住并淹死的海豹、海狮和海豚等达数千只。其他海洋生物则容易误食一些塑料制品，例如海龟特别喜欢塑料袋，因为它们酷似水母；海鸟则喜欢旧打火机和牙刷，因为形状很像小鱼。当它们用这些东西反哺幼鸟时，往往会噎死弱小的幼鸟；塑料制品无法消化和分解在动物体内，动物误食后会导致胃部不适、行动异常、生育繁殖能力下降，甚至死亡。

海洋垃圾对海洋中动物的影响是巨大的，如果再这样下去，危害可想而知。由于清除海洋垃圾的成本是清除陆地垃圾的10倍，因此治理海洋塑料污染主要依靠各国政府。目前的海洋塑料垃圾清理方法可按照区域分为海岸、海滩收集法和海上船舶收集法。其中，海上船舶收集法比海岸、海滩收集法困难许多，因为海上收集垃圾对船只的技术要求很高，船只要能形成高速水流通道，且具备翻斗设备和可升降聚集箱，才能将漂浮在海上的塑料垃圾聚集起来；垃圾一旦进入海洋，便会具备持续性强和扩散范围广的特点，这两个特点也增加了海上船舶收集垃圾的难度。

让我们的大海没有垃圾，是拯救海洋动物的最有力的方法，是我们能够帮助海洋生态恢复的最简单方式之一。